21世纪高等学校数字媒体专业规划教材

UI设计

Web网站与APP用户界面设计教程

吕云翔 杨婧玥 / 编著

U0234418

清华大学出版社

北京

内 容 简 介

用户界面设计是软件开发中不可缺少的一个环节。本书从软件工程的角度出发,参考软件生命周期开发模型,深入讲解用户界面设计中的每项活动,并以丰富的实例说明如何设计与实现用户界面。本书共分三部分:第一部分介绍用户界面设计的基本概念,界面设计与软件系统的关系,以及设计的原则;第二部分从软件工程角度论述用户界面设计;第三部分主要通过实例讲述界面控件以及界面的设计与实现。

本书对软件工程和 UI 设计的从业人员有指导意义,同时也非常适合对于界面设计感兴趣的读者学习参考。

图书在版编目(CIP)数据

UI 设计:Web 网站与 APP 用户界面设计教程/吕云翔,杨婧玥编著. —北京:清华大学出版社,2019
(2022.2重印)

(21 世纪高等学校数字媒体专业规划教材)

ISBN 978-7-302-52707-7

Ⅰ.①U… Ⅱ.①吕… ②杨… Ⅲ.①人机界面－程序设计－高等学校－教材 Ⅳ.①TP311.1

中国版本图书馆 CIP 数据核字(2019)第 063101 号

责任编辑:陈景辉 薛 阳
封面设计:刘 键
责任校对:时翠兰
责任印制:杨 艳

出版发行:清华大学出版社
　　　　网　　　址:http://www.tup.com.cn, http://www.wqbook.com
　　　　地　　　址:北京清华大学学研大厦 A 座　　　　　邮　　编:100084
　　　　社 总 机:010-62770175　　　　　　　　　　　邮　　购:010-83470235
　　　　投稿与读者服务:010-62776969, c-service@tup.tsinghua.edu.cn
　　　　质量反馈:010-62772015, zhiliang@tup.tsinghua.edu.cn
　　　　课件下载:http://www.tup.com.cn,010-83470236
印 装 者:三河市铭诚印务有限公司
经　　销:全国新华书店
开　　本:185mm×260mm　　印　　张:11.75　　　　字　　数:277 千字
版　　次:2019 年 11 月第 1 版　　　　　　　　　　印　　次:2022 年 2 月第 5 次印刷
印　　数:7001～9000
定　　价:69.90 元

产品编号:080402-01

随着计算机行业和互联网的迅速发展以及应用领域的拓宽,用户界面设计逐渐成为互联网热门的专业和职业。用户界面是系统中不可缺少的部分,是人与电子计算机系统进行交互和信息交换的媒介,是用户使用电子计算机的综合环境。用户界面设计是指为用户提供人机交互的可视化界面,在用户界面的设计中,需要提取用户需求,针对需求进行分析,设计出合理美观并且操作简便的界面。用户界面设计是一门集人机工程学、认知心理学、人机交互原理学、设计艺术原理于一身的综合性学科。

本书的主要特点如下。

- 知识点涵盖面广。本书主要针对国内计算机相关专业的高校学生以及界面设计的爱好者,知识点涵盖了界面设计的发展历史、研究内容、基本概念,界面设计与软件工程的关系,界面设计中的基本活动及生命周期等。也详细讲解了界面设计中每个控件的设计与实现。

- 代码实例丰富。本书在讲解基础知识的基础上,对每一个界面设计涉及的内容都有详细的代码实例,不仅仅局限于如何设计,也强调了如何实现。本书的最后一章针对网页端和移动端两个客户端给出了界面设计的实例,达到深入浅出的目的。

本书共有 10 章,从用户界面设计的基本知识出发,进一步阐述用户界面设计中所涉及的生命周期和活动,再通过详细的例子介绍 Axure RP 原型设计软件的使用以及界面中各个控件的设计与实现,最后以网页端和移动端两个实例来讲述界面设计从设计到实现的过程。全书具体内容如下。

第 1 章主要介绍什么是用户界面设计,用户界面设计的主要研究内容和发展历史。

第 2 章先通过介绍界面设计在软件开发过程中的位置来说明界面设计对软件系统的重要性,再介绍界面设计与软件工程的关系。

第 3 章主要介绍界面设计的目标和原则。首先介绍界面设计中的可用性目标及度量的标准,再介绍设计中的认知过程,最后从移动端、计算机端、网页端三方面来阐述界面设计的原则。

第 4 章主要介绍界面设计中的交互设备。首先介绍输入设备,再介绍输出设备,最后介绍三维辅助设备。

第 5 章主要阐述界面设计过程中涉及的活动,首先讲述用户需求的获取,介绍需求获取的方法和原则,强调在需求获取过程中最重要的是理解用户。再讲述根据提取的需求进行界面设计任务的分析,介绍分析的步骤和方法,根据任务分析的结果,确定系统信息流的结构。在这些前期活动的基础上,再介绍图形界面设计,最后介绍可用性检验的标准。在这 5 项活动中,前一项活动的输出是下一项活动的输入。

第 6 章先介绍软件开发生命周期模型,如瀑布模型、螺旋模型等,再根据软件开发生命周期模型介绍界面设计的生命周期模型,两者有相似之处,软件开发的生命周期包含着界面设计的生命周期。

第 7 章介绍界面设计中的评估对象和目标，以及界面设计评估中所用到的方法。

第 8 章主要介绍常用于原型设计的交互式设计工具 Axure RP，介绍该工具的工作环境，对每个常用控件进行详解，最后通过一个原型设计实例来学习 Axure RP 的运用。

第 9 章主要介绍界面设计过程中涉及的窗口、菜单、导航、对话框、控件和布局的设计与实现。以网页端和移动端为例，详细讲述这些控件在移动端如何设计，再对每个控件的实现给出代码实例。

第 10 章主要讲述网页端和移动端两个不同平台的界面设计实例。每个实例都从系统需求分析、功能模块设计、界面结构设计和界面实现 4 个方面进行阐述。

全书所采用的图片资料、实例资料均为所属公司、网站和个人所有，本书引用仅作说明和教学之用，版权归原作者所有，无侵权之意。最后感谢清华大学出版社的支持，使得本书得以出版。

因笔者水平有限，书中难免有疏漏和不足之处，敬请广大读者和专家批评指正。

编著者

2019 年 9 月

第一部分　基础知识

第二部分 开 发 过 程

第一部分　基础知识

第1章 绪 论

1.1 什么是用户界面设计

1.1.1 什么是用户界面

用户界面(User Interface,UI)是人与电子计算机系统进行交互和消息交换的媒介,是用户使用电子计算机的综合环境。目前对于用户界面的定义比较广泛,不仅仅包含人与机器交互的图形用户接口。广义来说,用户界面是用户和系统进行交互方法的集合,这些系统不单是指电脑程序,还包括某种特定的机器、设备、复杂的工具等。用户界面可以看作一种人与电脑面对面的信息交流方式,用户界面的形成来源于人造物的自身属性,即人造物存在的目的是为了满足人类的某种需求,需求的实现必须通过使用才能得到体现。

用户界面是用户和系统进行交互方法的集合,也是电子计算机系统中实现用户与计算机信息交换的软件、硬件部分,所以用户界面分为硬件界面和软件界面。其中,硬件界面主要是指用户使用产品时直接接触到的硬件设备,如鼠标、键盘、操作面板、手柄等,硬件界面又称为实体用户界面(Solid User Interface,SUI);软件界面(Human Computer Interface,HCI)主要是指用户和计算机直接进行信息交流的界面,如 Windows 窗体界面、手机界面、网页界面等。用户界面目的在于使用户能方便高效地操作电子计算机系统,以达成双向交互。

本书中所提到的用户界面单指软件界面。如图 1.1 所示是硬件界面,图 1.2 是软件界面。

图 1.1 硬件界面

1.1.2 什么是用户界面设计

用户界面设计主要是通过协调界面上各个部分的构件和操作逻辑,优化和简化用户与系统交流的过程和步骤,在满足用户需求的前提下,提高用户使用计算机的效率的系统性设计。按照界面所在的终端来分类,用户界面设计可分为移动 UI 设计、网页 UI 设计、窗口 UI 设计等;按照界面设计的工作流程来分类,用户界面设计包括用户研究(结构设计)、交

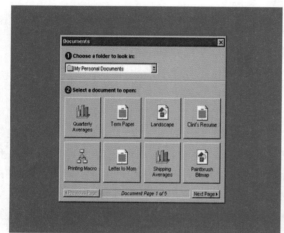

图 1.2　软件界面

互设计、界面设计三个部分。

　　用户研究指在展开用户界面设计之前,通过沟通、问卷等方式对用户的需求进行研究,了解界面目标用户的日常流程、环境以及使用习惯,挖掘出用户的潜在需求,站在用户的角度完成界面的设计和实现。界面的设计要以用户为出发点,提高界面设计的可用性和易用性,使设计的产品更容易被接受和使用。界面设计的终点要回归到用户,产品发布后要继续进行用户研究,收集用户的使用反馈,对不合理的交互设计和界面外观进行简化和优化,让界面质量在用户需求和意见的基础上不断提高。

　　交互设计是指人与系统之间的交互工程,定义了人与计算机系统交互之间的内容和结构,达到信息交互的目的。交互设计师的工作内容就是设计整个用户界面的交互流程,包括定义信息架构和操作流程,组织界面的元素,使用交互式设计工具进行原型制作。交互设计的目的在于提高产品的易用性,让用户能快速、准确地进行相应的操作。

　　界面设计是指软件产品的“外形”设计,是目前国内大部分 UI 工作者从事的工作,主要内容是根据用户的需求和交互设计框架,运用美学、用户心理学等设计出美观且方便使用的用户界面。界面设计需要将用户研究报告和交互设计成果作为输入,让界面设计不脱离产品初衷,提高产品的实用性,通过结合美学和心理学,提高产品的美观度和接受度。

　　用户界面设计是一个有不同学科参与的复杂工程。用户心理学、美学、人机工程学等在其中都有着举足轻重的地位。用户界面设计具有以下特点。

（1）典型的人机互动。设计与用户紧密相关,用户的反馈是界面设计的重要部分。

（2）手段的多样性。计算机能力的加强带来了人机交互方式的多样性。

（3）紧密的技术相关性。新产品的出现会刺激新界面的产生,界面设计随着新技术的不断发展完善自身。

1.2　用户界面设计研究内容

用户界面设计这门学科涉及人机工程学、认知心理学、交互学等多门学科,用户界面设计所研究的内容是以人机工程学和用户心理学为基础建立用户模型作为界面设计的基础和依据,再结合交互性原理、设计艺术学设计出符合用户使用目的、符合用户心理特征和审美的界面。

1.2.1　人机工程学原理

人机工程学是从人的体能和系统工程角度出发,研究人机关系的学科。它是人机界面学初期发展阶段的主要研究内容,并对人机界面学以后的发展产生了重大影响。人机工程学着重研究以下内容。

（1）人与机器之间是如何分工与配合的。机器如何能够更适合于人的操作和使用,提高人的工作效率,减轻人的劳动强度。

（2）系统的工作环境对于人操作的影响。让操作者在舒适安全的工作环境中工作。

（3）人机之间的信息传递和交互。人通过控制器向机器输入信息,机器通过显示器等方式向操作者展示命令的运行成果。

在用户界面设计中,研究人机学原理,探索界面设计与人的心理特性,尤其是人的认知以及人的生活习惯的关系,掌握人机操作中人类动作合理性和身体舒适性的关键点,了解人体感知中对于界面的视觉合理性和舒适性,使得人机交互过程中操作者与系统能高效地完成信息传递,达到最优的工作状态。人与界面的交互如图1.3所示。

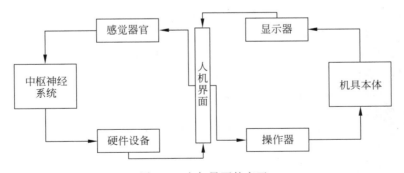

图1.3　人与界面的交互

用户界面是人与计算机系统进行消息交互的载体,图形化的用户界面通过各式各样的控件刺激操作者的感觉器官,操作者根据界面传递的信息使用鼠标、键盘等硬件设备向计算机传递命令消息,用户界面收到消息后通过操作器将消息传递给计算机系统本体,计算机系统经过一系列操作,通过显示器将结果显示在界面上,达到人机互动的目的。

1.2.2　认知心理学

对于一个刚刚接触一款软件的新用户而言，面对界面中各式各样的图案和花样繁多的交互控件，要在短时间内熟悉界面的各项操作，就需要在设计该界面时考虑人的知觉、认知特性和操作过程，所以用户界面设计必定涉及人的认知心理，研究认知心理学，以此为用户界面设计的依据，将机器语言设计成人类可接受的图案、语言符号，并符合人类的审美和操作习惯，才能让一个新用户快速熟悉界面操作，方便实现系统的功能。

认知心理学是研究人类认知心理的学科，这里所研究的人不单单是人的生理特征，还有人的社会属性，即认知心理学既研究生理、心理、环境等对人的影响，也研究人的文化、审美、价值观等方面的要求和变化。认知心理学是以信息加工的方法来研究人的认识过程，比如人是如何通过听觉、视觉、触觉来接受和理解外界的信息，以及人的大脑是如何进行记忆、联想、推理等各种心理活动和认知过程。这样的认知过程是用户界面设计师所要关注和了解的基础，将认知心理学运用到界面设计中，提高用户对界面和系统的友好程度，增强人与系统的自然交流，使得整个界面和系统更加亲切、和谐。

研究认知心理学，从"以人为本"的角度进行用户界面设计。不同的人对计算机使用的熟悉程度不同，有刚刚接触计算机的新手，也有经常使用计算机的专业用户；不同工作领域的人对计算机的使用要求和功能也不同。所以在"以人为本"的基础上，要针对不同用户群体进行用户设计调查，使得设计者对用户的认知行为规律有所了解。用户设计调查的内容包括：通过用户操作界面后的反馈，了解该界面的设计是否符合用户的职业思维行为方式，是否符合用户的使用意图和认知心理；界面的操作是否简单易学，不易出错；用户使用界面时是否感到生理状况不适和精神压力大。根据用户设计调查获得的信息建立用户模型，描述用户的操作特征，这些特征包括用户操作行动过程的特征和操作心理因素特征。用户模型是用户界面设计的基本依据、主要思想和评价标准。

1.2.3　交互性原理

随着计算机技术的不断发展，人与电子计算机的交互方式、交互技术和交互设备越来越多，根据用户对界面的功能需求、用户的职业习惯等，选取适合的交互设备、交互方式和交互软件至关重要，所以用户界面设计必定涉及交互性原理的研究。

交互性原理包括交互方式、交互技术、交互设备、交互软件等，其中，交互方式确定了交互技术和交互设备。在确定用户模型后，以用户功能需求为依据，选取合适的交互技术和交互设备，由交互软件把整个交互过程串联起来。研究交互性原理主要是解决人机交互中信息的交流问题，具有人机参与性和互动性。

1.2.4　设计艺术学原理

用户界面设计除了要在功能上满足用户需求以外，还要考虑用户的情感需求，界面颜色、布局等方面都需要满足用户视觉审美、认知和使用习惯等。用户界面设计不仅是一门技术，更是一门艺术。一个好的用户界面设计，在满足需求的基础上，可以从中享受到美，欣赏到美，所以用户界面设计与设计美学原理、符号学原理、色彩学原理息息相关。

目前市场上已经有很多可以直接借鉴和使用的界面设计形式和模板，由于它们的质量和功能各不相同,再加上系统需求和软硬件条件的约束,这些界面设计形式无法达到通用的状态。所以研究设计美学原理,从构成"美"的原则和"美"的内容出发,将"美"与"技术"相结合,可消除仅靠程序员主观想象而设计成的界面的乏味性。重视美学在界面设计中的指导地位,可消除用户在使用界面时的无聊、紧张和疲劳感,提高界面在用户群体中的美感和亲切感。

用户界面符号化是对人们习惯和经验的总结,研究符号学,主要是研究符号的构成、表达方式和交流方式,解决界面设计中图形符号信息的传达和识别。如图1.4所示,用户界面中的符号包括听觉符号、视觉符号和触觉符号。这三类符号是相互关联并共同协助用户更好地进行操作界面。因此,以符号学原理为参考进行界面设计,从视觉、听觉和触觉三个方面考虑界面中所要使用到的符号,有利于加强人与计算机系统、软件系统的交流。

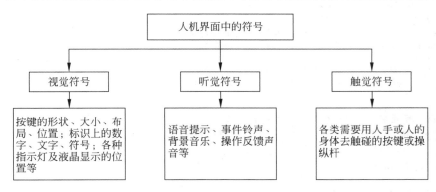

图1.4 人机界面设计中的符号

用户界面设计除了涉及布局、符号以外,还涉及色彩的搭配。从用户对色彩的视觉和心理效果出发,基于用户对色彩的认知,结合软件系统的功能和特点,研究色彩学原理,利用色彩在空间、量与质的可变化性去进行色彩的组合,创造出满足用户审美的色彩效果,设计出富有美感的用户界面。

1.3　用户界面设计发展历史

计算机技术的蓬勃发展,引起了软件用户界面的发展,到今天用户界面是计算机科学当中最年轻的研究领域之一,也是数字化普及革命所带来的巨大贡献。计算机人机界面从产生发展至今不到半个世纪的时间,却经历了巨大的变化。软件用户界面的发展经历了命令行用户界面、图形用户界面、多媒体用户界面、多通道用户界面、虚拟现实人机界面几个阶段。

1.3.1　命令行用户界面

命令行用户界面是最早出现的人机用户界面。1963年,美国麻省理工学院开发了分时终端,并最早使用了文本编辑程序。交互终端可以把输入和输出信息显示在屏幕上,分时系统使用户可以分时共享计算机系统资源。命令行形式的对话终端是20世纪70年代到80年代的主流用户界面。

在命令行界面中,人与界面的交互方式只能是单纯的命令和询问,人通过键盘输入命令信息,界面的输出信息也是一行简单的静态单一字符。在这样的交互方式中,计算机是被动的,用户也被单纯地看作计算机的操作者。在这样的交互界面中,要求计算机操作者熟练掌握各种命令,这需要操作者有一定的专业性和强大的记忆力,并且这样的交互界面容易出错,交互的自然性和效率都较低。虽然如此,现在的计算机里依旧带有终端界面,用户也可以根据自己的喜好调出命令行终端进行交互。命令行界面如图1.5和图1.6所示。

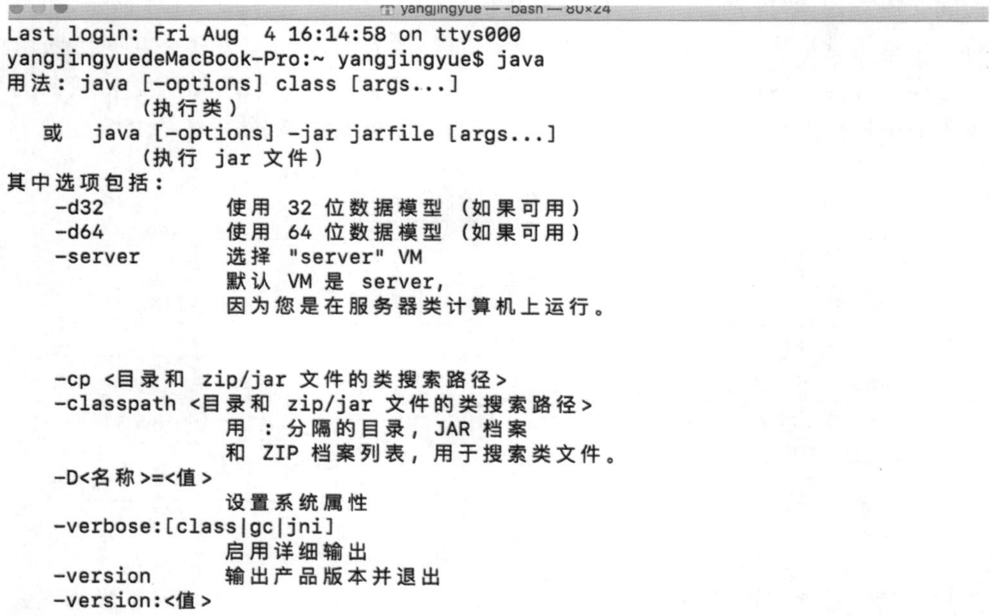

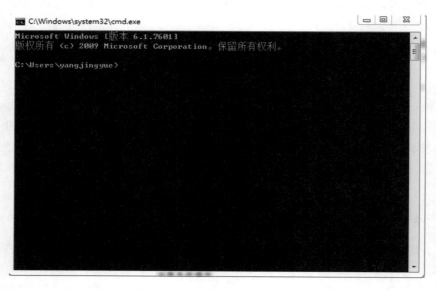

图 1.5　Mac 命令行用户界面

图 1.6　Windows 命令行用户界面

1.3.2　图形用户界面

随着大规模集成电路的发展,高分辨率显示设备和鼠标等硬件设备的出现,以及计算机图形学、软件工程、窗口系统等软件技术的迅猛发展,使得 20 世纪 80 年代用户界面进入了图形界面的新阶段。

1973 年,施乐公司研发完成了第一台使用 Alto 操作系统的计算机,Alto 是第一个具备了所有现代图形用户界面的基本元素特征的操作系统,三键的鼠标、位图的显示器、图形窗口的运用奠定了图形用户界面的基础。随后施乐公司发布了 8010(Star)作为 Alto 的替代产品。相比于 Alto 增加了可双击的图标,可重叠的窗口、对话框以及分辨率达到 1024×768 的单色显示器。同时期 Visi 公司发布的 Vision 是第一款使用完整的图形界面并针对 IBM 个人计算机环境的电子图标软件,首先将"视窗"和鼠标概念引入个人计算机。在计算机出现的半个世纪里,图形用户界面不断发展和完善,逐步取代了命令行用户界面。在图形界面中比较成熟的商品化系统有苹果公司的 Macintosh、IBM 公司的 PM (Presentation Manager)、Microsoft 公司的 Windows 和

图 1.7　Xerox Alto(左)和苹果
公司的 Macintosh(右)

运行于 UNIX 环境的 X-Window 等。如图 1.7 所示为 Xerox Alto 和苹果公司的 Macintosh。

图形用户界面也被称为 WIMP 界面,是第二代人机界面。WIMP 即窗口(Window)、图标(Icon)、菜单(Menu)、指示器(Pointing Device)四位一体形成桌面。窗口是界面中的主要交互部分,包括菜单栏、工具栏等,图形界面刚刚发展的时候通常是矩形,现在为了界面更加富有艺术性,会有一些不规则的形状;图标是用于标识某些信息的图像标志,具有一定的专业性,如最小化、关闭窗口等图标,对于第一次接触图形用户界面的人需要熟悉和学习图标的含义;菜单是界面提供给用户的动作命令的集合,通过窗口来显示,常见的有下拉菜单、级联式菜单等;指示器在界面上显示的是一个图形,用于用户控制设备(鼠标等)输入到界面位置的可视化,如大部分图形用户界面的鼠标表示为一个小箭头。图形用户界面的出现,大大提高了人与计算机交互的效率。

1.3.3　多媒体用户界面

随着多媒体技术的迅速发展,在原来静态的图形用户界面中引入了动画、音频、视频等动态媒体,形成了多媒体用户界面。由于引入了多媒体技术,用户界面的输出从静态的图形变成了动态的二维图形,尤其是音频和视频的加入,大大丰富了界面的信息表现形式,也增加了用户对于信息表现形式的选择,大幅度提高了用户对于计算机的控制能力以及对信息的处理能力。依托于多媒体技术,人机交互不再是单纯地输入命令和打印结果,多媒体技术赋予图形用户界面动起来的生命,实现人与计算机更深层次的交流。

实际上,多媒体用户界面可以看作 WIMP 界面的另一种风格,只是计算机信息的表现方式变得多种多样,通过多媒体技术拓宽的是计算机到用户的输出带宽,但用户到计算机的输入带宽并没有得到拓宽,用户对于信息的输入依旧是依靠鼠标、键盘等常规的输入设备,输入和输出表现出了不平衡状态。多通道用户界面的出现使得用户界面能支持时变媒体,

实现三维。为解决输入输出不平衡问题带来希望,如图 1.8 和图 1.9 所示为多媒体用户界面。

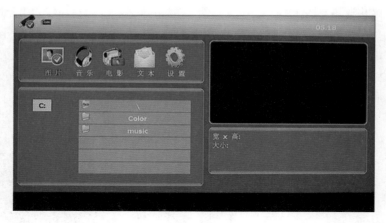

图 1.8　多媒体用户界面 1

图 1.9　多媒体用户界面 2

1.3.4　多通道用户界面

　　20 世纪 80 年代后期以来,多通道用户界面成为用户交互界面技术研究的新领域。多通道用户界面,顾名思义,是允许用户通过多个通道与计算机进行通信的人机交互界面。其中,多通道包括视觉、听觉、触觉、语言、手势、表情等,这些都可作为计算机系统的输入。如现在的语音搜索 APP 界面、人脸识别解锁界面都属于多通道用户界面。

　　在多通道用户界面中,采用更多倾向于人类的交互方式和设备,方便用户利用多通道自然、高效地与计算机进行通信,拓宽了用户到计算机的输入带宽,解决了用户界面中输入和输出不平衡的问题。多通道用户界面主要研究眼动跟踪、手势识别、语音识别、表情识别、三维交互、自然语言理解等技术。

　　多通道用户界面与多媒体用户界面的结合,大幅度提高了人机交互的自然性和准确性。多通道用户界面主要研究用户对计算机输入信息的方式和计算机对信息的理解,多媒体用户界面主要研究计算机对用户输出信息的方式和效率。两者相结合使得用户能够用更加自然和日常的语言动作进行信息的输入,计算机也能够用更加丰富的输出方式让用户理解输出信息,使得信息的交互吞吐量得到了提升。人脸识别用户界面如图 1.10 所示;语音识别用户界面如图 1.11 所示;iPad 的用户界面可以识别手势,如图 1.12 所示。

图 1.10　人脸识别用户界面

图 1.11　语音识别用户界面

图 1.12　iPad 界面可识别手势

1.3.5　虚拟现实人机界面

在计算机发展的历程中,虽然出现了多媒体和多通道用户界面,使得人机交互更加自然和方便,人们还是不满足,希望能进一步"身临其境",通过视觉、听觉和触觉等与系统交互,所以又出现了虚拟现实人机界面。

虚拟现实是将用户放置于一个完全人工的环境当中,通过虚拟现实设备,如头盔显示器、手柄等让用户有"身临其境"的感觉。在虚拟现实人机界面中,头盔显示器将用户与真实世界隔离,展现在用户面前的是一个人工环境,如可以是一个冰雪世界,也可以是一个沙漠,一个完全科幻的世界,用户通过手柄、数据手套等外部设备对眼前的世界进行选择、抓取等操作,进而与计算机进行交流。

对于虚拟现实的人机界面,大部分都是基于三维的设计,在日后的发展中会加入听觉、嗅觉等感觉器官的设计,目的是让用户实现更好的交互体验。目前,虚拟现实的发展还处于起步阶段,它的进步离不开用户的需求和计算机技术的发展。

用户界面的发展离不开计算机技术的进步,最初的命令行界面,用户只能输入静态命令,显示器单纯输出命令执行结果,人类并不满足于这样的交互方式,逐步发展形成图形用户界面,加入视频、音频等输出信息后发展成为多媒体用户界面。为了解决界面交互中输入输出的带宽平衡问题,出现了多通道用户界面,用户可以采用自然的方式与计算机进行沟通,计算机的输出信息也更容易被用户理解。在这样的交互方式中,人类进一步要求能够

"身临其境"地与计算机进行通信,所以出现了虚拟现实界面。作为新型的用户交互界面,虚拟现实界面比任何一种人机交互界面更具有希望实现和谐的、人机一体的交互界面。如图 1.13～图 1.15 所示为虚拟现实界面。

图 1.13　虚拟现实界面 1

图 1.14　虚拟现实界面 2

图 1.15　虚拟现实界面 3

习　　题

1. 鼠标和键盘属于用户界面的范畴吗？
2. 用户界面设计主要做的工作有哪些？
3. 请列举用户界面设计的特点。
4. 为什么用户界面设计要研究人机工程学？
5. 为什么用户界面设计要研究认知心理学？
6. 为什么用户界面设计要研究交互性原理？
7. 为什么用户界面设计要研究设计艺术学原理？
8. 请列举用户界面设计的发展阶段，并阐述每个阶段都做出了哪些新的改变。

第2章　界面设计与软件工程

　　在整个软件开发过程中,界面设计是不可或缺的一个部分。以软件开发模型中的瀑布模型为例,如图 2.1 所示,在软件开发的瀑布模型中,进行问题定义和软件的可行性研究后,要对用户进行需求分析,需求分析中不仅要确定整个软件系统的功能需求,也要确定用户对于软件界面的操作需求和风格喜好;在对软件系统进行架构设计和详细设计的时候,也要对软件的界面进行布局设计、图标设计和交互式设计等,再与用户沟通交流交互是否合理,是否符合用户的日常工作规范;确定所有的界面设计后,在软件系统的编码阶段进行界面的实现,最后界面成为整个软件的一部分参与测试和运行维护。在运行和维护中,不仅要修复系统存在的问题,也要根据用户的使用反馈对界面进行修改完善。

　　整个界面设计流程与软件开发流程的关系如图 2.2 所示(以瀑布模型为例)。

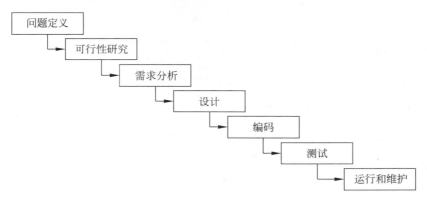

图 2.1　软件开发瀑布模型

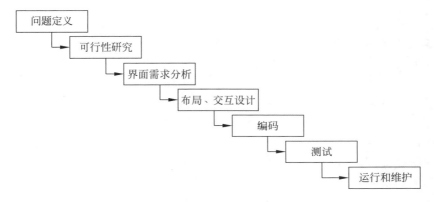

图 2.2　界面设计开发瀑布模型

2.1 界面设计对软件系统的重要性

用户界面在整个软件系统中是人与系统交互的"桥梁",随着计算机技术的迅猛发展,用户对于软件的要求日益增多,除了需要软件本身强大的功能外,更希望在软件的界面上追求使用软件系统的方便快捷感和舒适的体验效果。用户对于软件系统更高层次的追求突出了界面设计对软件系统的重要性。

1. 界面设计的合理性关系到软件系统功能的表达

软件系统的功能需要依托软件的界面来表达,因此界面设计的合理性直接关系到软件系统功能的表达。界面设计的合理性主要包括控件布局合理、交互设计合理。在控件布局方面,软件系统的核心功能控件需要放置到界面中显而易见的地方,隐藏的控件布局会使得软件丢失某些功能。在交互设计方面,要尽量让用户用最少的交互次数得到最理想的结果,如图2.3所示,菜单栏的设计最多不要超过三级。如果有的功能需要用户多次交互才能找到,那么这样的功能有可能会被用户忽略,也有可能会因为不方便而被用户放弃使用。控件布局和交互设计的合理性会直接影响到界面设计的合理性,从而影响到软件功能表达。

图2.3　菜单栏设计

2. 界面设计的美观性关系到用户对于软件系统的好感度

一个友好美观的软件界面会使人与电子计算机系统的交互具有强烈的艺术效果,能给用户带来舒适的视觉体验和精神享受,并且能缓解工作压力,提高工作效率。软件系统的界面相当于整个软件系统的"门面",是用户对软件系统的第一印象,因此界面设计的美观性直接关系到用户对于软件系统的好感度。然而用户的好感度又关系到该软件系统是否在第一时间有大范围的客户群,如果一个界面缺乏色彩、缺乏艺术感,那么用户对这个软件系统的兴趣度就会降低,从而降低这个软件系统的商业价值。

如图2.4所示是一个具有设计艺术的界面,美观的界面会让用户有想要了解这个软件系统的欲望;如图2.5所示是一个苍白没有设计艺术的界面,用户在第一次接触的时候好感度就会降低,从而降低了解软件系统的兴趣。

旅 行 在 故 乡

因为一个家 许下去那里旅行的愿望

图 2.4　小猪短租用户界面

图 2.5　某管理软件界面

3．界面设计的安全性关系到软件系统响应的安全性

在用户界面中，允许用户自由地做出选择，并且这些选择都是可逆的，但是在用户进行危险的选择时，要有信息提示或相应的出错处理。界面设计的安全性就是指在设计时要将问题考虑周全，无论用户做何种选择，界面都要有相应的回应，以保证软件系统能正常地响应和运行。界面设计的安全性直接关系到软件系统响应的安全性。如果在界面设计时，对于用户的操作没有全面考虑，对于输入的合理性也没有做检查，那么当用户出现非法操作和输入时，会造成软件系统的崩溃。

如图 2.6 所示，右侧输入框对于输入的格式有要求，当用户的输入是非法时，界面需要有错误提示，以保证用户输入的准确性。

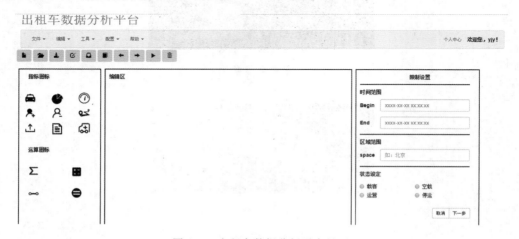

图 2.6　出租车数据分析平台界面

2.2　界面与软件系统的关系

1．界面是软件系统的对外窗口

用户界面在整个软件系统中是人与系统交互的"桥梁"，软件系统在开发的过程中，通过对界面的开发，使得后台的软件系统可以与用户进行交互，界面是整个软件系统对外的窗口，用户通过界面与系统进行对话。例如，百度搜索引擎的界面如图 2.7 所示，通过一个文本输入框让用户输入想要搜索的内容，单击"百度一下"按钮后系统做出相应的反应，最后给出搜索结果。在整个从输入关键词到显示搜索结果的过程中，界面通过文本输入框和提交按钮与用户进行信息交互，是整个百度引擎系统对外的窗口。在软件系统当中，界面是不可缺少的部分。

图 2.7　百度搜索页面

2. 软件系统是界面的后台支撑

一方面，界面是软件系统的对外窗口，另一方面，软件系统是界面交互的后台支撑。用户通过界面向系统输入信息，系统对信息进行处理，再通过界面向用户输出信息。一个没有后台只有前端的系统是不完整的，软件系统后台和界面两者密不可分，系统为界面提供强有力的后台支撑。鼠标在双击加载某一个程序时，鼠标光标会变成"加载中"的样子，如图2.8所示，以防止用户多次双击程序造成系统崩溃，这样的一个小设计目的是给系统后台反应的时间，让界面和系统统一，并通过后台的反应支撑软件系统的界面。

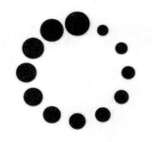

图2.8 "加载中"的光标样式

习　　题

1. 界面设计与这个软件系统开发有什么关系？
2. 界面设计为什么对软件系统非常重要？
3. 界面与软件系统有什么样的关系？

3.1　可用性目标与度量

3.1.1　用户界面的可用性目标

用户界面的可用性就是用户界面的可使用程度,或者是用户对于界面的满意程度。可用性高的用户界面一定是在最大限度满足用户需求的基础上,能够使用户方便快捷学习和使用的界面。

20 世纪 70 年代末,研究者们提出了可用性(Usability)的概念。Hartson 认为可用性包含两层含义:有用性和易用性。有用性指的是产品是否实现了一定的功能;易用性指的是产品对于用户的易学程度,用户与产品的交互效率以及用户对于产品的满意程度。Hartson 的定义相对来说比较全面,但是对于概念的可操作性缺乏进一步的分析。

Nielsen 认为可用性包括易学性、交互效率、易记性、出错频率和严重性、用户满意度。其中,易学性指的是产品对于用户来说是否易于学习;交互效率是指用户使用产品完成具体功能的效率;易记性是指用户搁置该产品一段时间后,是否仍记得是怎么操作的;出错频率和严重性是指产品操作错误出现的频率以及这样错误的严重程度;用户满意度是指用户对于产品是否满意。产品要在每个要素上都达到很好的水平,才具有高可用性。

国际标准化组织(ISO)在 ISO 9241-11(*Guide on Usability*)国际标准中对可用性做出了如下定义:产品在特定使用环境下,为特定用户用于特定目的时所具有的有效性(Effectiveness)、交互效率(Efficiency)和用户主观满意(Satisfaction)。其中,有效性是指用户完成特定任务达到特定目的所具有的正确和完整程度;交互效率是用户完成任务的正确和完整程度与所使用资源的比率;满意度是用户在使用产品过程中所感受到的主观满意度和接受程度。

综上所述,用户界面也属于可用性概念中的产品。因此,用户界面在可用性方面,至少要具备易学性、易用性、有效性、交互效率和用户满意度 5 个可用性目标。易学性要求用户界面对用户来说容易上手,能很快熟练;易用性要求用户界面的操作不复杂,在最少的操作次数下完成特定功能;有效性要求用户界面在最大程度上满足用户需求,保证正确度和完整度实现功能;交互效率要求用户界面使用最少的资源满足用户完成界面交互;用户满意度要求用户界面的设计具有合理性、美观性等,给用户除了满足功能外的视觉和听觉上的额外享受。

3.1.2　可用性的度量

可用性的度量是系统化收集交互界面的可用性数据并对其进行评定和改进的过程。可用性度量的目的包括:改进现有的用户界面,提高其可用性;在对新界面进行设计时,对已有界面进行可用性评估,可以取长补短,更有效地达到可用性目标。界面设计是一个设计、可用性度量、改进相互叠加和往复的过程,需要对界面设计进行可用性度量再改进,从而不断完善界面。因此,可用性度量在界面设计中的地位十分重要。可用性度量的方法主要包括可用性测试、启发式评估、认知过程浏览、用户访谈和行为分析等。

可用性测试是通过组织典型目标用户组成测试用户,使用界面设计的原型完成一组预定的操作任务,并通过观察、记录和分析测试用户行为获取相关数据,对界面进行可用性度量的一种方法。可用性测试适用于界面设计中后期界面原型的评估,通常是由测试人员和观察人员在特定的测试环境下进行,测试人员完成预定的测试任务,观察人员在一旁记录测试用户的行为过程,也可借助摄像机、眼动跟踪技术、鼠标轨迹跟踪技术等进行数据收集,最后分析数据得到结论。可用性测试是可用性度量中最常用的方法之一。

启发式评估也称为经验性评估,主要是邀请可用性度量专家根据自身的实践积累和经验,在通过用户界面可用性指南、标准和人机交互界面设计原则的基础上,对测试的界面进行可用性度量。启发式评估也是可用性度量的方法之一,这样的度量方法直接、简单、易行,但是缺乏精度,适用于界面设计的中前期。

认知过程浏览是通过邀请其他设计者和用户共同浏览并分析界面的典型任务和操作过程,从而发现可用性问题并提出改进意见的一种方法。认知过程浏览适用于界面设计的初级阶段,当具备了界面设计的详细说明后,可以采用认知过程浏览方法进行可用性度量。

用户访谈是一种探究式的可用性度量方法,在界面设计的前期,通过用户访谈了解用户的需求和期望值,在界面设计的中后期通过用户访谈了解用户对于设计的看法,对界面的设计进行增删改查,在用户完成测试任务后再进行访谈,这样目标性更强,容易挖掘出更多的问题。

行为分析是用来发现人机交互中可用性问题的可用性度量方法,一般是将用户的操作过程分解成连续的基本动作,再根据交互设计原则确定评价标准,然后与用户测试过程进行对比分析,发现存在的问题。行为分析法既适用于界面设计中的原型,也适用于已经成型的用户界面。行为分析法可以帮助分析功能完成过程的步骤与完成时间的关系。

3.2 认 知 过 程

用户使用用户界面的过程实际上是对界面所提供的信息进行加工处理的过程。如图3.1所示,用户接收到界面颜色、光、声音的刺激,通过视觉、听觉、触觉等感知系统产生感觉,形成对信息的第一印象和最初理解,这是了解信息存在的阶段;感觉到的信息经过人脑的处理,主要是用户判断这些信息是否存在于记忆中,与记忆中的信息进行比对,产生知觉,这是了解信息种类的阶段;最后通过感觉和知觉获取到的信息在大脑里建立信息的概念,就是用户认识信息的阶段。用户对于用户

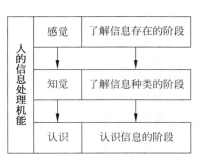

图 3.1　人的信息处理过程

界面的认知经过感觉、知觉和认识三个阶段,其中,感觉阶段涉及的是用户的认知生理,知觉和认识阶段涉及的是用户认知心理。

人们对任何事物的了解都是从感觉开始的,感觉是一切复杂心理活动的前提和基础,在人的各种活动过程中起着极其重要的作用。人的感觉包括视觉、听觉、触觉、嗅觉、味觉、运动觉等。

1. 视觉

视觉是人类最重要的感觉,外界80%的信息都是通过视觉获得的。视觉的感觉器官是眼球,是直径为21~25mm的球体,是人类认识活动中最有效的器官,光线通过瞳孔进入眼中,经过晶状体聚焦到视网膜上,眼睛的焦距是依靠眼部周围肌肉调整晶状体的曲率实现的。眼睛成像原理如图3.2所示。

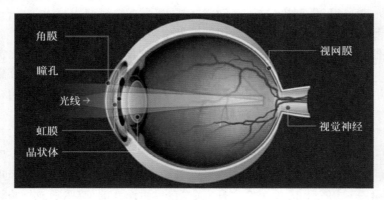

图3.2 眼睛成像原理

由于外界80%的信息都是通过视觉获得,所以视觉显示界面是人机交互中最常见的用户界面,基于用户视觉心理的界面设计成为用户界面设计的一项重要研究课题。在用户界面设计中,设计人员要充分了解并掌握视觉心理对用户的影响,遵循接近性原则、闭合性原则、联想性原则、连续性原则进行视觉上的界面设计。

接近性原则是考虑用户在视觉信息认知时,习惯找寻不同视觉元素之间的关系,往往会根据视觉元素的颜色、位置等将其进行分类,因此设计人员要根据设计的要求将同种类型的视觉信息聚集到一起,便于用户更快地熟悉界面。

闭合性原则是指把某个局部元素认定成一个整体且闭合的图形趋势。在界面设计中,不完整的视觉元素传递是无法获得用户认可的,因此视觉元素要构成一个有机联合的整体,每一个部分不能单独存在,单独的视觉元素除了占据有限的空间外,还影响界面设计的整体性。如早期的计算器操作界面就不具备闭合性原则,这样的计算器无法进行复杂的运算,也无法保存数据,如图3.3所示。

图3.3 计算器

联想性原则是考虑用户在进行视觉信息收集时,会自动把某个区域的元素联想为一个相近的图形,在界面设计时,可以采用相近的视觉元素来进行图标的设计。运用人类视觉信息收集的联想,在设计界面图标时,不用担心用户是否知道图标的含义。如看到齿轮的图标,用户会联想到这是"设置"功能,产生这样联想的原因除了齿轮在实际生活中扮演设置的工具外,目前很多界面都使用这样的图标表示"设置",易于理解和联想。如图3.4所示是生活中的齿轮,图3.5为界面中使用到的齿轮图标。

图 3.4　生活中的齿轮　　　　　　　　　图 3.5　界面中的齿轮图标

　　连续性原则是考虑在用户的视觉认知的观念里倾向于把元素组成连续轮廓或者重复的图形,人们认为视觉元素不是单独存在的,每个视觉元素之间都有一定的联系,所以在界面设计中,会有布局这样的概念。如在苹果的手机界面中,如图 3.6 所示,每一个应用程序的图标都不是散列摆放的,基本上都是处于对齐放置,这样的摆放方式会让用户看起来非常舒适自然。很少会有操作系统或是网页的界面会将视觉元素随机摆放。如图 3.7 所示是支付宝用户界面,也是考虑了连续性原则。

图 3.6　苹果手机界面

图3.7 支付宝用户界面

2. 听觉

听觉也是人类重要的感觉,耳朵是听觉信息的接收器,如图3.8所示耳朵把外部声波翻译成大脑内部的语言,完成信息的听觉传递。外界的声音通过外耳道传递到鼓膜,当声波撞击鼓膜时,引起鼓膜的振动,之后经过由鼓室中锤骨、砧骨、镫骨三块听小骨以及与其相连的听小肌构成的杠杆系统传递,引起耳蜗中淋巴液及其底膜的振动,使底膜的毛细胞产生兴奋,声波在此处转变为听神经纤维上的神经冲动,并对声音进行编码最后传递到大脑皮层,产生听觉。

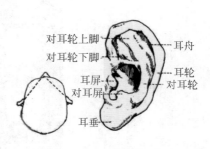

图3.8 耳朵

由于人类接收的信息中很大一部分是从听觉系统获得的,所以对于用户界面而言,利用用户的听觉感知系统向用户传递提示信息、输出警告等是设计中不可或缺的一个部分。在界面设计中使用到的声音可分为语音和非语音,语音是具体的语言交流,主要显示信息的内容;非语音主要是对交互信息进行及时的反馈,如12306网站刷到票后会有一声火车的鸣笛声,Windows操作系统的回收站清空时是倒垃圾的声音表示正在清空回收站。语音的交互除了在输出方面,随着计算机技术的发展,语音识别技术日益成熟,很多软件系统的输入也采用了语音输入,如搜狗输入法、讯飞输入法可以用语音输入文字。

3. 触觉

触觉也是人类的重要感知。触觉的生理基础来源于外界对皮肤和皮下组织的触觉感受器所施加的机械刺激。在界面设计中,充分利用用户的触觉感知系统传递信息,如单击界面上的控件时,鼠标左键会按下然后抬起,表示单击了这个控件。如果用户没有在鼠标的左键上有这样的感受,操作有可能失败。用户可以通过触觉来判断操作是否顺利进行。

目前计算机行业飞速发展,和用户进行接触,并让用户产生触觉的交互设备除了鼠标、键盘外,手机屏幕、虚拟现实设备的手柄都可以成为与系统交互的设备。如用户可通过滑动手机屏幕来进行屏幕解锁等操作,如图 3.9 所示。用户也可以使用手柄来模拟乒乓球拍,在虚拟现实中进行乒乓球游戏。

图 3.9　滑动解锁界面

3.3　界面设计的基本原则

1. 以用户为中心原则

首先,界面的设计必须要以用户的需求来确定,要最大限度地实现用户所要求的功能,界面的设计不能由功能流程和硬件设施的限制来推动;其次,要让用户参与设计,参与界面中各项决策环节,界面设计的每个阶段都需要用户的参与。

2. 一致性原则

界面设计中的一致性包括宏观维度一致性、界面维度一致性、流程维度一致性、元素维度一致性。

宏观维度是站在整个产品角度而言的,界面设计风格是否与产品的风格定位一致。如产品的风格定位是商业的邮件收发系统,那么界面设计的风格应该简洁大方,而不是色彩丰富;还要考虑界面设计是否符合产品的商业维度,如产品是免费的文献查阅网站,通过文献下载收费来盈利,那么在整个页面设计中要引导用户去消费,与产品在商业维度上保持一致性。

界面维度是站在界面角度而言的,指的是界面的风格、界面布局、聚焦方式是否一致,视觉设计中的视觉效果、色彩搭配、关键信息传递能力与意义表达是否一致。从整个界面角度看上去,保持一致性。

流程维度是站在整个与用户交互流程角度而言的。在人与界面的交互流程中,用户是否感到自然、容易理解以及便于记忆,交互流程要符合用户思维模式,与用户的认知过程一致。如在交互中,确认操作的对话框中至少要包含确认和取消两个控件,如果只有一个,则不符合用户的交互习惯。

元素维度是站在界面中控件的角度而言的,整个界面维度的一致性要由元素维度的一致性来保证。对于界面中的交互控件,以用户的视觉感知规律为依据,统一元素风格,无论是按钮还是下拉菜单都需要统一,对于界面用词也要统一,如"确定"还是"确认"。

界面的一致性原则不仅能使界面看上去有亲和力,也能使得整个产品项目取得良好的效果。

3. 简单可用原则

一个复杂的操作界面会使得原本有限的布局空间更加拥挤,复杂的操作流程会增加用户使用界面的压力,因此用户界面设计时要遵循简单可用原则,从降低用户视觉干扰和精简操作流程两个方面来设计界面。

界面中大量的视觉干扰会对一个感觉很复杂的界面造成影响,当界面中显示的文字或图片信息远远大于用户需要时,会增加用户阅读的负担,使得用户产生抵触感,从而放弃使用界面。为了帮助用户能在短时间内找到关键信息和功能,界面设计时应精简文字,将图文信息合理分类,通过合理的布局和版式设计,让用户迅速获得界面所传达的信息,减少用户的视觉负担。如图 3.10 所示是百度 Echarts 界面,布局精简,能够缩短用户寻找关键信息的时间。在大多数的新闻门户中,文字多是一个比较明显的特点,如新浪网等,如图 3.11 所示。

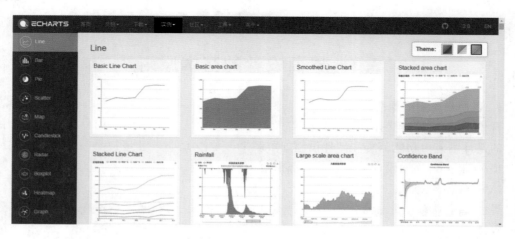

图 3.10　Echarts 界面

图 3.11　新浪首页

　　界面复杂的操作流程会增加用户思考的时间,也会增加用户的记忆负担,需要花大量的记忆和时间去熟悉界面的交互流程。因此界面设计需要精简操作流程,使得操作更具有目的性,让用户可以在极短时间内完成目标所需要执行的操作,尽可能将操作数量降到最少,保证用户与界面交互时的舒适感和流畅感。

4. 用户记忆最小化

　　由于用户是在记忆的帮助下来学习界面的使用,所以一个设计优良的用户界面,能合理运用人类的再认与再忆,减少用户短期记忆的负担。界面可以通过提供可视化的交互方式,使得用户能够识别过去的动作、输入和结果,减轻用户的认知负担;保持用户操作行为和操作结果的一致,对用户的操作及时给出反馈;图标和图像的表达应该基于现实事件,是现实世界事物的象征,减少用户记忆和学习的时间;界面设计时要考虑是否需要帮助用户记住重要信息,如用户输入登录用户名和密码时,可以提示用户是否需要记住密码,以减少用户的记忆负担,如图 3.12 所示。

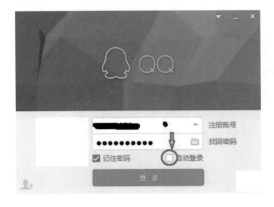

图 3.12　记住密码

5. 具有较强的容错功能

　　考虑用户在认知过程中的易出错性,界面需要具有较强的容错功能。有良好容错性的界面会预判用户容易出现错误的地方,并在这些地方给予用户提示和解决办法来引导用户,保证用户在错误操作之后还能按照一定方式完成任务。如微软公司的 Office 办公软件有词法、语法、句法等错误提示及修改功能。

界面设计中除了要考虑有错误提示和引导正确操作以外,还要考虑帮助功能,帮助用户学习如何使用和操作界面,从而实现软件系统的功能,避免用户自己摸索遇到难以解决的问题。以王者荣耀游戏为例,一个新用户进入游戏时,会有操作说明和提醒,更直观地将操作展示给用户,让用户快速上手。如图 3.13 所示是王者荣耀的新手教程界面。

图 3.13　王者荣耀新手教程

习　　题

1. 用户界面在可用性方面要具备哪些目标?
2. 什么是可用性度量? 它的目的是什么?
3. 对于中后期的界面评估,应该选择哪些评估方法?
4. 请通过一个详细的例子说明为什么用户使用界面的过程就是对界面信息进行加工的过程。
5. 人的认知过程有哪些阶段?
6. 考虑用户的视觉特性,在用户界面设计中要遵循哪些原则?
7. 请简单阐述用户界面设计的基本原则。
8. 为什么有的应用程序会有"记住密码"的选项? 请从设计原则方向进行阐述。
9. 界面设计是否美观是最重要的?

第 4 章 交互设备

▶▶▶

在人与计算机的交互过程中,交互设备是不可或缺的部分,随着计算机处理能力和存储能力的显著提升,很多交互设备也被代替和改进。例如,用于输出的高速百万像素图形显示器取代了传统的电传打印机;虽然键盘目前仍是文本的主要输入设备,但为了满足移动设备用户的需求,触摸屏的出现使得用户脱离键盘来完成任务。随着用户对于交互式体验的要求越来越高,眼球追踪器、数据手套、基于语音识别的输出设备等都在新型的应用场景中得到大力发展。

4.1 输 入 设 备

4.1.1 文本输入设备

1. 键盘

目前文本输入的主要方式还是通过键盘将英文字母、数字、标点等输入计算机中,从而向计算机发出命令、输入数据等。早期的键盘几乎是机械点触式键盘,这种键盘使用电触点接触作为连通标志,使用机械金属弹簧作为弹力结构,手感很接近打字机键盘,当时很受欢迎。但是机械点触式键盘的机械弹簧很容易损坏,并且电触点会在长时间使用后氧化,导致按键失灵,所以电磁机械式键盘将其取代了。电磁机械式键盘的使用寿命长了很多,但依旧没有解决机械式键盘由于固有的机械运动容易损坏的问题,所以被非接触式键盘取代了。主要的非接触式键盘有电阻式键盘和电容式键盘,其中,电容式键盘由于成本低和工艺简单获得广泛应用,电容式键盘的手感更加轻柔而有韧性,成为当前键盘的主流设计。

键盘的布局常见的有"QWERTY"键盘、"DVORAK"键盘、"MALT"键盘。其中,"QWERTY"键盘的名称来源于该布局方式最上排的 6 个英文字母,将频繁使用的字母远远分开,增加了手指的移动距离,使得最大限度放慢按键的速度避免卡键,这种布局方式依然是目前最常见的排列方式。但是这样的键盘布局方式特别没有效率,如大多数打字员习惯用右手,但在"QWERTY"键盘中,左手负担了 57% 的工作,使得输入一个字需要上下移动手指。如图 4.1 所示是"QWERTY"键盘。"DVORAK"键盘布局允许左右手交替按键,避免单手连按;并且越排按键平均移动距离最小,排在导键位置的是最常用的字母,以减少打字员的打字时间。如图 4.2 所示是"DVORAK"键盘。但是由于受到传统"QWERTY"布局的影响,"DVORAK"布局没有成为主流的键盘布局。"MALT"键盘布局比"DVORAK"更加合理,如图 4.3 所示,它改变了原本交错的字键行列,让其他原本远离键盘中心的键更容易被触到,使拇指得到更多使用。由于该键盘需要特殊的硬件才能安装到计算机上,并没有得到广泛的应用。

图 4.1 QWERTY 键盘

图 4.2 DVORAK 键盘

图 4.3 MALT 键盘

在移动设备中,文本输入的主要方式也是键盘,但是是比实体键盘尺寸大大减小的虚拟键盘。虚拟键盘的布局方式大多数采用了"QWERTY"键盘布局。如图 4.4 所示为苹果手机的虚拟键盘。这样的虚拟键盘对用户而言缺少了触觉反馈,大多数移动设备采用在按键的时候发出声音来进行反馈。

图 4.4 手机输入法键盘

2. 手写输入设备

手写输入设备也是文本输入的主要交互设备,一般由手写板和手写笔组成。手写板通过各种方法将手写笔画过的轨迹记录下来,然后识别为文字,如图4.5所示。手写板主要有电阻式压力手写板、电磁式感应手写板和电容式触控手写板。其中,电阻式压力手写板几乎已经被淘汰,电磁式感应手写板是目前市场的主流产品,电容式触控手写板具有耐磨损、使用简便、灵敏度高的优点,是市场的新生力量。目前,很多手写板除了搭配手写笔以外,也可以用手触控进行文本输入。

图4.5 手写板

在移动设备中,尤其是目前的触屏手机中,手写也是主要的文本输入方式,手机屏幕相当于手写板,手指相当于手写笔,以输入法软件为依托,以手写文字识别技术为核心,进行手写文本输入。如图4.6所示是搜狗输入法手写输入的界面。

图4.6 搜狗输入法手写界面

4.1.2 图像输入设备

1. 扫描仪

扫描仪通常是计算机外部仪器设备,是通过捕捉图像并转换成计算机可以显示、编辑、存储和输出的数字化输入设备。扫描仪作为光电、机械一体化的高科技产品,自出现以来凭借独特的数字化"图像"采集能力、低廉的价格和优良的性能,得到了迅速的发展和广泛的应用。目前,扫描仪已经成为计算机中不可缺少的图像输入设备之一,被广泛运用于图形、图像处理各个领域。

扫描仪按照结构特点可分为手持式、平板式、滚筒式、馈纸式、笔式扫描仪等。其中,平板式扫描仪又称台式扫描仪,是目前市场上的主流产品,使用方便,扫描出来的结果也比较好,成本相对较低,体积小且扫描速度快。滚筒式扫描仪常用于专业领域,处理的对象大多为大幅面图纸、高档印刷用照片等,滚筒式扫描仪一般使用光电倍增管,因此它的密度范围比较大,能够分辨出图像更细微的层次变化。馈纸式扫描仪又称小滚筒式扫描仪,工作时镜头是固定的,通过移动要扫描的物件来进行扫描,因此这种扫描仪只能扫描较薄的物件,并且范围还不能超过扫描仪。如图 4.7 所示为扫描仪。

图 4.7　扫描仪

2. 摄像头

摄像头是计算机图像输入的主要设备之一,可以拍照,也可以进行视频的录制。目前,摄像头已是计算机和移动设备必备的设备之一,用户可以通过摄像头和话筒的结合在网络上进行影像、声音的交谈和沟通。

摄像头可分为数字摄像头和模拟摄像头。目前计算机市场上的摄像头基本以数字摄像头为主,而数字摄像头中又以使用新型数据传输接口的 USB 数字摄像头为主。数字摄像头可以将视频采集设备产生的模拟视频信号转换成数字信号存储在计算机里。而模拟摄像头是将捕捉到的视频信号经过特定的视频捕捉卡将模拟信号转换为数字模式,并加以压缩后才能到计算机上运用,所以模拟摄像头在计算机市场上并不是主流。随着技术的发展,目前很多移动设备都自带摄像头,用户可以随时随地拍照和录像,并将照片和视频分享到自己的朋友圈。摄像头在计算机设备上的运用,丰富了计算机的输入方式,也丰富了用户的科技生活。如图 4.8 所示为可以外置的摄像头,图 4.9 为移动设备自带的摄像头。

图 4.8　外置摄像头

图 4.9　手机摄像头

4.1.3　语音输入设备

语音作为一种重要的交互手段,日益受到人们的重视。在计算机中,主要的语音输入设备是麦克风,如图 4.10 所示。麦克风是一种电声器材,通过声波作用到电声元件上产生电压,再转换成电能。它通常处于声频系统的最前面一个环节,麦克风的性能好坏关系到声频系统和声音质量。目前使用最广泛的麦克风是电动式麦克风和电容式麦克风。电动式麦克风是根据电磁感应原理制成的,使用简单方便,不需要附加前置放大器,牢固可靠,寿命长,性能稳定,并且价格相对便宜。电容式麦克风是依靠电容量变化而起换能作用的传声器,它是电声特性最好的一种麦克风,能在很宽的频率范围内具有平直的响应曲线,输出高,失真小,瞬间响应好,被广泛运用于广播电台、电视台等专业录音场景中。

目前很多麦克风设备都配置在耳机上,有的麦克风内置在移动计算机和移动设备中。麦克风和摄像头相结合使得用户可以进行远程的视频交流,可以自己拍摄和制作视频。就当前的技术发展而言,麦克风、摄像头和移动设备相结合,使得直播行业不仅局限于电视台和广播电台,任何人都可以做直播、做主播,分享自己的日常。如图4.11所示为直播话筒。

图4.10 麦克风

图4.11 直播话筒

4.1.4 指点输入设备

指点设备常常用于完成一些定位和选择物体的交互任务,主要的指点输入设备有鼠标、触摸板、光笔和触摸屏。

1. 鼠标

1964年,美国加州大学伯克利分校的道格拉斯·恩格尔巴特博士发明了鼠标。鼠标是计算机显示系统中横纵坐标定位的显示器,可以对当前屏幕上的游标进行定位,并且通过按键和滚轮装置对游标所经过的位置的屏幕元素进行操作。它的出现代替了原来键盘"上下左右"输入的烦琐,使得操作计算机更加方便快捷,如图4.12所示。

图4.12 鼠标

按照鼠标的结构可以分为机械式鼠标、光机式鼠标、光电式鼠标和光学鼠标。机械式鼠标底部有一个可四向滚动的小球,这个小球在滚动时会带动转轴(X转轴,Y转轴)转动,在转轴的末端都有一个圆形的译码轮,转轴的转动导致译码轮的通断发生变化,产生一组组不同的坐标偏移量,反映到屏幕上,就是光标随着鼠标的移动而移动。由于是机械结构,X轴和Y轴使用时间长后会附着一些灰尘等脏物,导致定位精准度下降,流行一段时间后被"光机式鼠标"替代。光机式鼠标底部也有小球,但是不再有圆形的译码轮,换成了两个带有栅缝的光栅码盘,并且增加了发光二极管和感光芯片。光机式鼠标底部的小球并不耐脏,使用一段时间后会因为沾上灰尘而影响光通过,从而影响鼠标的灵敏度和准确度。光电式鼠标是通过检测鼠标的位移,将位移信号转换为电脉冲信号,再通过程序的处理和转换来控制屏幕上的鼠标箭头移动。虽然光电鼠标在精准度上有所提升,但是它的使用不够人性化,用户不能快速地将光标直接从屏幕的左上角移动到右下角,且光电鼠标的造假率较高,基于这些原因,光电鼠标没有在市场上流行起来。光学鼠标与光机和光电鼠标在结构上差异比较大,没有了底部的小滚轮,也不需要反射板来协助定位,在保留了光电式鼠标精准度和无机械的特点上,又具有很高的可靠性和耐用性。目前很多用户将光学鼠标作为首要选择。

为了适应大屏幕显示器和方便用户使用,现在市场上流行无线鼠标,鼠标与计算机之间采用无线遥控,没有了电线连接的束缚,用户对鼠标的使用更加自由,体验更好。

图 4.13　触摸板

2. 触摸板

触摸板是在一种平滑的触控板上,利用手势的滑动来操作计算机游标的输入设备。触摸板通过检测用户手指接近时电容的改变量转换为坐标。目前触摸板已经广泛应用于笔记本电脑,可以代替鼠标。触摸板如图 4.13 所示。与鼠标相比,触摸板的使用更加灵活,有的触摸板可以支持手写文本输入功能,有的支持用户使用更多的手势操作计算机。如苹果电脑的触摸板支持用户三个手指滑动进行窗口切换。

3. 光笔

光笔是比较早的指点输入设备,用户使用光笔在屏幕上指点某个点以执行选择、定位或者其他操作。光笔和图形软件相配合,可以在显示器上完成绘图、修改图形和变换图形等复杂功能。目前,光笔已经逐渐被触摸屏取代了。如图 4.14 所示为光笔,如图 4.15 所示为光笔和手写板的组合。

图 4.14　光笔

图 4.15　光笔和手写板

4. 触摸屏

触摸屏是一种可接受触头等输入信号的感应式液晶显示器装置,作为液晶显示器,触摸屏既是输出设备,也是输入设备。用户可以直接用手指在触摸屏上进行选择、定位等操作。触摸屏为人机交互提供了更加简单、方便和自然的交互方式,直接替代了鼠标和键盘。目前,触摸屏主要应用在公共信息的查询系统中。如银行的 ATM,如图 4.16 所示;图书馆的书籍查询一体机;现在很多移动设备也使用了触摸屏,如手机、平板电脑,如图 4.17 所示;部分计算机为了操作方便,也会把显示屏配成可触屏的显示器,如图 4.18 所示为触摸屏一体机。

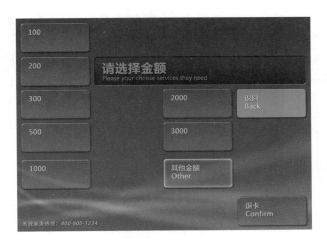

图 4.16　ATM 触摸界面

图 4.17　平板电脑触摸屏

图 4.18　触摸屏一体机

4.2　输出设备

人机交互过程中的输出设备用于接收计算机数据的输出显示、打印等,即把计算机对用户的反馈结果通过数字、字符、声音、图像等形式显示出来。常见的人机交互输出设备有显示器、打印机、绘图机、影像输出系统、音响、耳机等。

4.2.1　文字、图像输出设备

1. 显示器

显示器是用户与电子计算机交互中最主要的输出设备,也是人与机器交流的主要工具,如图 4.19 所示。显示器既可以显示鼠标键盘的输入结果,也可以显示计算机处理的结果,是目前计算机设备、移动设备不可缺少的硬件设施。显示器是文字、图像的输出设备,也是视频的输出设备,显示器的输出是软拷贝。显示器的发展是随着计算机的发展而发展的。

显示器主要分为 CRT 显示器、LED 显示器、LCD 显示器。CRT 显示器是目前应用最广泛的显示器之一,具有可视角度大、无坏点、色彩还原度高、色度均匀等特点;LED 显示器是通过控制半导体发光二极管来显示的,是用来显示文字、图形、图像、动画等各种信息的显示屏幕;LCD 显示器就是液晶显示器,具有机身薄、占地小、辐射小等特点。

图 4.19 显示器

2. 打印机

打印机是将计算机处理结果打印在纸张上的输出设备,打印机的输出是硬拷贝,可以打印文字和图像,计算机的处理结果可以展示在相关的介质上,如纸张。随着打印技术的发展,针式打印机、喷墨式打印机、激光式打印机占据了整个打印机行业,并且各有特点和市场,如图 4.20 所示。

图 4.20 打印机

针式打印机是以行列点阵的形式来打印字符或图形的,它的打印成本极低并且有着很好的易用性,但是它的打印质量较低,工作的噪声也很大,目前只运用于银行、超市等票单的打印。喷墨式打印机有连续式喷墨和随机式喷墨打印机两类:连续式喷墨打印机只有一个喷嘴,利用墨水泵对墨水的固定压力使之连续喷出;随机式喷墨打印机的墨滴只有在需要打印的时候才喷出。喷墨式打印机由于有着良好的打印效果和价格较低的特点,占据了广大中低端市场。激光式打印机是科技发展的新产物,具有质量更高、速度更快、成本更低的打印方式。

4.2.2 语音输出设备

语音输出设备是计算机必要的外设硬件之一,通过电线与计算机主机的接口连接,用于输出计算机的声音信号。主要的语音输出设备有音响和耳机。

音响也称为扬声器,是将电信号还原成声音信号的一种装置,按照声学原理及内部结构不同,可分为倒相式、密闭式、平板式、号角式、迷宫式等几种类型,其中最主要的形式是密闭式和倒相式。密闭式音响是在封闭的箱体上装扬声器,所以效率比较低;而倒相式音响是在前面或后面板上装有圆形的倒相孔,具有灵敏度高、能承受的功率较大和动态范围广的特点。音响如图 4.21 所示。

图 4.21　音响

　　耳机接收媒体播放器所发出的电信号,利用贴近耳朵的扬声器将其转换成可以听到的声波。耳机一般是和媒体播放器分离的,通过电线连接。相比于音响的功放,耳机可以使得用户在不影响旁人的情况下尽情享受音乐、观看视频等。耳机的种类很多,按照佩戴方式,可以分为入耳式、头戴式和耳塞式;按照耳机结构,可以分为封闭式、开放式和半开放式;按照与媒体播放器设备的连接方式,可以分为有线耳机和无线耳机。耳机是计算机和移动设备不可缺少的硬件设备之一,随着用户对耳机要求越来越高,耳机的发展也十分迅猛,目前市场上的耳机除了有语音输出的功能外,还有无线传输等功能,如图 4.22 所示。

图 4.22　耳机

4.3　三维辅助设备

　　三维的交互不同于二维交互,不局限于二维的窗口、图标、光标等,三维交互是为了克服传统二维交互的限制发展起来的,为人机之间构造一种自然直观的三维交互环境。在人机三维交互中,离不开三维辅助设备,本节主要介绍的三维设备是三维空间跟踪定位器、数据手套、三维鼠标、头戴式显示器。

1. 三维空间跟踪定位器

　　空间跟踪定位器是用于空间跟踪定位的装置,能够实时地监测物体空间的运动。空间跟踪定位器通过 6 个自由度来描述物体的位置,即在 X、Y、Z 坐标上的位置,以及围绕 X、Y、Z 轴的旋转值。三维空间传感器被检测的物体必须是无干扰的,即无论传感器采用什么样的原理和技术,都不应该影响被检测物体的运动,称为"非接触式传感器"。三维空间跟踪定位器,目前一般与虚拟现实设备结合使用,被安装在数据手套和头盔显示器上。在虚拟现实的应用中,要求空间跟踪定位器定位精准、位置修改速率高、延时低。三维空间跟踪定位器如图4.23所示。

2. 数据手套

数据手套是一种多模式的虚拟现实硬件,一般由很轻的弹性材料构成,配置有位置、方向传感器和一组有保护套的光线导线。结合软件编程,用户可以佩戴数据手套,使用抓取、移动、旋转等手势作为输入与计算机系统进行交互。数据手套按照功能来分,有虚拟现实数据手套和力反馈数据手套。虚拟现实数据手套允许用户在虚拟现实中使用手势控制虚拟场景,力反馈数据手套借助触觉反馈,让用户对场景中的物体有真实的"触觉",如图4.24所示。

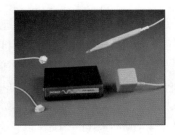

图4.23　三维空间跟踪定位器　　　　　　图4.24　数据手套

3. 三维鼠标

三维鼠标,也称为三维交互球,是虚拟现实场景中重要的交互设备,能够感受到用户在6个自由度的运动,包括三个平移参数和三个旋转参数。三维鼠标类似于摇杆加上若干按键的组合,在视景仿真开发中,用户可以很容易通过程序将按键和球体的运动赋予三维场景和物体,实现三维场景的漫游和仿真物体的控制,如图4.25所示。

图4.25　三维鼠标

4. 头戴式显示器

头戴式显示器是一种立体图形显示设备,可单独与计算机主机连接以接收来自主机的三维虚拟现实场景信息。头戴式显示器通过一组光学系统放大超微显示屏上的图像,将影像投射于视网膜上,进而呈现于用户眼中。用户通过头戴式显示器,对虚拟场景有"身临其境"的体验效果。头戴式显示器目前已经广泛运用于虚拟现实中,建筑师可以通过显示器看到虚拟全景的建筑物,医生可以看到虚拟全景的手术台进行手术模拟,如图4.26和图4.27所示。

图4.26　头戴式显示器1　　　　　　　　图4.27　头戴式显示器2

习　　题

1. 对于文本输入设备中的键盘,目前最常见的是哪一种?
2. 请列举目前的图像输入设备。
3. 请列举目前的语音输入设备。
4. 请列举目前的指点输入设备。
5. 请列举目前的文字、图像输出设备。
6. 请列举目前的语音输出设备。

第二部分 开发过程

5.1　需　求　获　取

当客户需要一个新的系统时,开发人员要做的第一件事不是直接去设计系统的架构以及选用何种技术路线来实现系统,而是去了解客户的需求,明确客户需要系统做什么,以什么样的方式去完成任务,即明确系统的功能需求和非功能需求。开发人员要和客户在需求方面达成一致,这是任何软件开发项目的基础,也是界面设计和界面实现的基础。

5.1.1　需求获取的重要性

需求是对期望行为的表达,假设要开发一个教务信息管理系统,一个需求可能是学生可以通过该系统进行课程的选择,另一个需求可能是教师可以在该系统上对学生的成绩进行登记,这是站在系统的整体角度来看的。对于界面而言,需求是系统总体目标功能的描述和客户、用户期望的界面样式和交互方式的描述。假设要开发一个二手交易平台,一个需求可能是用户可以拍照上传要发布的二手商品,在这样的需求中,说明一项交互设备是“摄像头”,界面在做交互设计时就需要考虑这项需求。

需求获取是从系统相关人员、资料和环境中获得系统开发所需要的相关信息。但通常用户、客户与开发人员背景、立场不同,会导致沟通困难。有些用户、客户缺乏概括和综合表达能力,导致在描述需求时思维发散,想到什么说什么,以至于开发人员无法捕捉到重点,需求获取比较困难。表 5.1 是用户和开发人员在进行需求沟通时,相互看待的情况。这些情况表明,需求的获取,需要一定的方法和技术。

表 5.1　用户和开发人员如何相互看待

开发人员如何看待用户	用户如何看待开发人员
用户并不知道他们想要什么	开发人员不理解操作需求
用户不能够清楚表明想要什么	开发人员不能够将清楚陈述的需求转换为成功的系统
用户不能够提供可用的需求陈述	开发人员对需求定义设置不现实的标准
	开发人员过于强调技术
用户立刻就想要一切	开发人员总是迟到
用户不能保持进度	开发人员不能对合法变化的需要做出及时响应
用户不能对需求进行优先级划分	开发人员总是超出预算
用户不愿意妥协	开发人员总是说“不”

开发人员如何看待用户	用户如何看待开发人员
用户拒绝为系统负责任	开发人员试图告诉我们如何做我们的本职工作
用户未对开发项目全力以赴	开发人员要求用户付出时间和工作量,甚至损害到用户的主要职责

5.1.2 需求获取方法

需求获取的方法主要有问卷调查、资料调研、用户面谈。

1. 问卷调查

问卷调查是通过调查表进行的,开发人员可以自行设计关于功能和非功能方面需求的问题,印刷调查表分发给用户、客户等目标人群,当问卷回答者将问卷填写完毕后,开发人员或分析人员可以通过问卷作答的情况收集事实,进行需求的获取和分析。

问卷调查是一种可以从大量人群中收集数据和需求的相对廉价的方法,并且大多数的调查问卷可以得到快速的回答。在匿名的情况下,目标人群更愿意提供真实的信息,问卷调查得到的数据可以快速地表格化和分析。问卷调查也有一些不足,如可能回答问卷的用户数量经常很低,也无法保证每一个填写问卷的人都回答了所有的问题,回答者没有机会立即澄清含糊或者不完全的回答,开发人员和分析人员也不可能观察到回答者的肢体语言,并且面面俱到的问卷很难准备。

目前,随着社交软件等应用软件的发展,问卷调查的方式不再局限于传统的发放纸质问卷让目标人群作答了,可以使用各种问卷调查软件在线设计问卷,再通过社交软件分享给用户、客户,回答完问题直接提交后,分析人员能直接看到结果。很多问卷调查软件能图表化回答以帮助分析。在开始界面设计之前,不仅需要了解界面要实现的功能,也要了解用户、客户的工作习惯,以用户需求为驱动,进行界面设计。

有效的调查问卷制作需要经过以下几步。

(1)确定要收集的目标和收集人群,如果收集人群的数量较大,可以考虑抽样。

(2)根据需要的事实和观点,确定问卷的回答方式,是让目标人群自由式回答,还是给定选项选择等。

(3)编写问题。在编写问题时确保问题中没有反映个人偏好,也没有语句的二义性。

(4)在一个小的回答者样本中测试这些问题,如果回答的结果有误或答案没有用,那么需要重新编写问题。

(5)分发调查问卷。

例如,要开发一个移动端的二手物品交易平台,采用调查问卷的方式获取界面需求,那么收集目标是用户对界面操作交互的需求,目标人群是所有使用移动设备的人,准确地说是需要出手闲置和想淘货的用户,关于问卷的回答方式,可以采用选择和自由式相结合的回答方式。

2. 资料调研

资料调研是查阅历史资料、行业报告、网络等相关资讯，了解判断行业趋势，把脉用户习惯，粗略地判别用户需求。在资料调研时，有可能会接触到保密和敏感信息，如某公司保密的商业方案，资料分析员要秉持道德操守和规范，对保密材料负责，仅做自己分内的事，不向外传阅。在道德规范的基础上进行资料的收集和调研。

需求分析员可以从现有的文档、文案中收集事实，从同类产品的功能、设计和方案中逆推用户需求。依旧以移动端的二手交易平台来举例，在获取需求时，可以调研目前市场上的二手交易平台，如"闲鱼"和"转转"。如图 5.1 所示是"闲鱼"首页，图 5.2 为"闲鱼"发布闲置商品的界面。如图 5.3 所示是"转转"首页，图 5.4 是"转转"发布闲置商品的界面。从这两个现有的二手交易平台研究用户群体和分类、交易平台的操作流程、界面设计的风格、用到的交互设备、平台闪光点等。可以将这些调研的结果用表格列出，以便于观察和需求提取。表 5.2 是对"闲鱼"和"转转"两个二手交易平台的调研对比。

图 5.1 "闲鱼"首页　　　　　　　　　图 5.2 "闲鱼"商品发布界面

图 5.3 "转转"首页　　　　　　　　　　图 5.4 "转转"商品发布界面

表 5.2　"闲鱼"和"转转"调研对比

选　　项	闲　　鱼	转　　转
用户群体	闲置物品出售群体	闲置物品出售群体
操作流程(以发布商品为例)	(1) 单击"发布"按钮； (2) 选择发布； (3) 选择发布商品的类型； (4) 拍照或从相册中选择照片； (5) 填写标题、商品描述和价格； (6) 单击"确认发布"	(1) 单击"卖闲置"按钮； (2) 单击"添加照片"添加商品的图片； (3) 填写商品描述和价格； (4) 单击"发布"按钮
设计风格	"闲鱼"和"转转"的设计风格相似，都以简约为主，布局也非常相似，首页最上方是滑动的广告，最下方是导航栏，中间部分按照内容进行分类展示	
用到的交互设备	摄像头、话筒	摄像头、话筒

　　资料调研方法常常与问卷调查和用户面谈相结合一起获取用户的需求。在与用户交谈或设计问卷之前，通过资料调研了解部分用户需求，可使得交谈或设计的问题更具有针对性，让需求获取更准确、更有效。

3. 用户面谈

　　与用户面谈是最常用的需求获取方法，面谈可以用来实现发现事实、验证事实、澄清事实、激发热情、让最终用户参与、确定需求以及征求想法和观点等目标。通过面谈,系统分析员可以从用户那里得到更多的反馈。面谈也为分析者提供了激发用户自由开放回答问题的机会,分析者除了聆听用户的回答外,还可通过观察用户的肢体动作和面部表情来获取更多信息。但面谈比较耗时,并且面谈的成功极大取决于分析员的人际交往能力。面谈有可能会因为用户的地理位置而变得不现实,但现在也可以采用视频会议的方式与用户进行面谈。

在与用户进行面谈之前,要进行充分的准备工作,这是面谈成功的关键。如果用户发现分析人员没有准备好,可能会对这个分析者带有不满情绪,使得面谈不能在一个舒适的氛围中进行,从而影响面谈的成果。准备工作中,分析人员要明确自己面谈的目的,设计面谈时要问的问题,为每个问题分配相应的时间,控制面谈的时间。问题设计完毕后,分析人员还要准备一份面谈指南,面谈指南类似于访谈流程,包含面谈时的问题清单和每个问题分配的时间,让用户清楚面谈的流程,对每个问题都有准备,提高面谈的效率。

面谈过程的第一步是建立氛围,进行自我介绍,感谢用户的到来,陈述面谈的目的,请求用户允许分析者在面谈期间记录面谈内容。交谈过程中要谦虚,当用户阐述自己观点时完全关注对方,眼神不要游离,营造友好的气氛。建立气氛后,可以进入面谈的主题,提出的问题应该简单、直接,不要使用含沙射影的问题或对答案有诱导性的问题。在提问方面,可以参考图5.5的九段式访谈步骤,从"诊断原因"到"验证方案"分三大阶段,每阶段再按照"开头""控制""确定"三个步骤逐步获取需求。如果在交谈中用户不能提供重要的信息,也要感谢他们在百忙之中参加面谈。有时候用户不愿意提供信息,这时可以强调他们的专业对系统、界面的正面影响,可能会克服这个障碍。在面谈结束时,可以询问用户对面谈的过程是否有疑义,询问用户是否可以在未来想到其他问题时与他联系,再次感谢用户百忙之中抽出时间来参与面谈。

问题需求	诊断原因	发掘影响	验证方案
开头	**R1** (1) 咱们谈谈,是什么令贵公司……(重复让客户头疼的问题)	**T1** (4) 除了您,贵公司还有其他人有类似问题吗?具体情况如何?	**C1** (7) 您认为需要做哪些努力来解决这个问题?
控制	**R2** (2) 是否是因为……	**T2** (5) 既然这个问题让你如此……那么某某也肯定为这个问题操心不少吧?	**C2** (8) 也许有这么一个解决问题的方法,您认为这个方法是否可行?
确定	**R3** (3) 那就是说产生这个问题(重复让客户头疼的问题)的根本原因是……	**T3** (6) 根据我的理解……这个似乎不是一个部门的问题,而是……的问题	**C3** (9) 根据我的理解,假如您能够……那么您能解决您的问题

验证方案

图 5.5　九段式访谈步骤

5.1.3 需求获取步骤

通常情况下,需求获取的步骤包括:收集背景资料,定义界面前景和范围,选择信息来源,以及选择获取方法,执行获取。

1. 收集背景资料

需求获取的目的是为了深度挖掘用户的问题,经过需求分析转换为用户的需求。因此为了快速了解用户的业务语境和专业,需要进行背景资料的收集,以支持与用户的基础交流,避免在后续的需求获取中出现误解等状况。

2. 定义界面前景和范围

通过对背景资料的收集和学习,了解用户的需要、关注点和期望,如在用户专业领域范围内用户的工作习惯,综合推断用户在业务中会遇到的高层问题,从而定义界面设计的前景和范围。

3. 选择信息来源

需求获取的主要来源是用户和硬数据。其中,用户不仅是实际使用界面的用户,也包括参与系统、界面设计决策的高层客户,以及对项目进行投资、有一定影响度的其他涉众;硬数据包括用户在工作中产生的表单、报表、备忘录等,以客观的方式记录了用户的实际业务的信息。在选择信息来源时,用户选择方面,需要考虑不同类型的用户,做到覆盖面广;硬数据选择方面,如果硬数据量大,可以使用抽样的方式,但要保证抽样的少量数据能够准确、完全地代表全部数据的相关信息。

4. 选择获取方法,执行获取

在了解用户的业务背景、选择好信息来源后,需要一定的需求获取方法来有效地获取用户需求。需求获取的方法主要有用户面谈、问卷调查、资料收集、原型化等,这些方法可以相互组合更高效地获取需求。选取方法后,执行获取。

5.2 分析任务

分析任务的步骤如下。

(1)先对获得的需求进行筛选和总结,保证需求的正确性。

(2)分析获得的系统需求,得到用例图,用例图在界面设计中适用。

(3)根据用例图,确定界面的模块。

5.2.1 需求筛选

因为需求有不同的来源,并且每个人对系统的功能和特征都有自己的想法和期望,可能在获取需求过程中会产生相互矛盾的需求,所以在进行任务分析之前,要对获取的需求进行检查和筛选,保证需求的高质量。以下列出了需求检查的一些标准。

(1)需求是否正确。需求的正确性指的是开发人员对需求的理解是否符合用户、客户所提出的系统期望。

(2)需求是否一致。需求的一致性指需求之间没有冲突。如某个需求规定,用户的查询操作在 1s 内返回结果,而另一个需求规定,在某种情况下,用户的查询操作在 2s 内返回结果,这两个需求就是不一致的。一般情况下,如果不能同时满足两个需求,那么这两个需求就是不一致的。

（3）需求是否有二义性。需求的无二义性是指多个读者在阅读需求时,能够有效地解释需求,并且对需求的理解一致。

（4）需求是否完备。需求的完备性指需求需要指定所有约束下、所有状态下,所有可能的输出输入及必要行为。如二手交易平台应该描述某个购买商品的用户在拍下商品后取消订单、申请退款会发生什么。

（5）需求是否可行。需求的可行性指关于客户、用户的需求是否存在解决方案。如客户要求一个廉价的系统能承受高并发量。

（6）需求是否可测试。如果需求能够通过系统最终证明是否满足,那么这个需求是可测试的。假设一个需求是"对用户的查询操作要迅速给出反馈",这个需求是不可测试的,因为"迅速"没有准确定义,不知道什么程度叫"迅速"。如果需求变为"对用户的查询操作要在1s内给出反馈",那么这个需求是可测试的。

5.2.2 需求建模

当对获取的需求进行筛选后,使用软件工程中建模的方法来整合各种信息,为系统定义一个需求集合,进而形成一个初步的解决方案。用户界面的功能需求来源于系统的功能需求,因此掌握了系统的需求,也就掌握了界面需要实现的功能需求。可以使用用例建模系统需求。

用例建模有两个输出产物:用例图和用例说明。用例图以图形化的方式将系统描述成用例、参与者(用户)及其之间的关系。如图 5.6 所示是一个用例图的例子。其中,椭圆表示用例,代表了系统的一个单一的目标,从外部用户的观点并以他们可以理解的方式和词汇描述系统功能,如登录、注册都是用例。人形图标表示参与者,是发起或触发用例的外部用户。参与者主要分为 4 类:主要业务参与者,主要系统参与者,外部服务参与者,外部接收参与者。主要业务参与者是主要从用例执行中获得好处的关联人员;主要系统参与者是指直接交互、触发业务和系统事件的关联人员;外部服务参与者是响应来自用例请求的关联人员;外部接收参与者不是主要的参与者,是从用例接收某些可度量的或者可观察价值的关联人员。

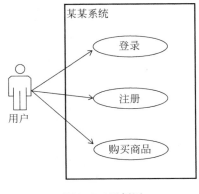

图 5.6 用例图

用例图只是简单地描述了系统,对于每一个用例需要有详细的描述和说明,所以就需要用例说明,用例说明的主要内容如下。

（1）用例 ID：用例的唯一标识符。

（2）优先权：用例的重要性,可以作为开发时的参考。

（3）主要业务参与者：从用例执行中获得好处的关联人员。

（4）简要描述：对用例角色、目的的简要概述。

（5）前置条件：用例执行之前,系统必须处于的状态或满足的条件。

（6）触发器：触发用例的事件,通常是一个动作。

（7）典型事件过程：参与者和系统为了满足用例目标执行的常规活动序列,即每个流程都"正常"运作时发生的事情。

（8）代替过程：如果典型事件过程出现异常或变化时,可以用于代替的备选用例行为。

（9）结论：描述用例什么时候成功。

（10）后置条件：用例执行后系统所处的状态。

根据获取到的需求,使用用例图和用例说明相结合来进行建模,开发人员可以更好地理解问题。如图 5.7 所示是一个二手交易平台的用例图。在这个系统里,有三类参与者:实际注册了的用户、游客和系统管理员。其中,游客可以通过注册成为平台用户,用户登录后可以进行发布商品、购买商品等操作,系统管理员进行商品的审核和用户信息的管理操作。表 5.3 是用户下订单的用例说明。

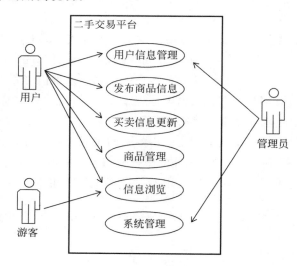

图 5.7　二手交易平台用例图

表 5.3　下订单用例说明

用例名称	下订单
用例 ID	20170824-1
优先级	高
主要业务参与者	交易平台已登录用户

简要描述	该用例描述二手交易平台中已登录的用户提交一个要购买的商品订单。系统会验证用户的资料信息以及他的账号是否处于信用高状态,再验证商品是否处于待售状态,一旦验证成功,系统向用户返回订单,并向卖家返回下单用户的订单,让其发货
前置条件	提交订单的用户需要登录
触发器	用户单击"提交订单"按钮时,用例触发
典型事件过程	参与者动作 / 系统响应
	交易平台用户填写收货信息并支付成功 / (1) 系统验证用户信息是否在信用度范围内; (2) 系统验证商品是否处于待售状态; (3) 系统验证用户是否支付了货款; (4) 系统记录订单信息,将订单发送至卖方; (5) 订单处理完成,向用户发送订单反馈
代替过程	代替第1步:系统验证用户不在信用度范围内发送不允许提交订单消息 代替第2步:系统验证商品处于不可销售状态向用户返回订单失败消息 代替第3步:系统验证用户尚未支付,提醒用户支付
结论	当用户收到订单确认时,用例结束
后置条件	订单被记录下来,卖方收到发货提醒

5.2.3 确定界面模块

通过需求建模,从用例图中可以看出整个系统有几个子系统,有几个参与者,界面设计根据子系统和参与者划分功能模块。先划分大的功能模块,再将每一块功能层次化分析,得到每一个功能的层次结构,便于确定界面的信息流。如图5.8所示是二手交易平台的界面功能模块图。根据用例图中的参与者进行模块分类,分别是游客模块、买家模块、卖家模块、管理员模块。其中,将用户模块拆分成了买家和卖家,将用例根据参与者的不同总结成小的功能放到模块下面。通过这样的功能模块图,将用户界面的功能用更直观的方式展示出来,便于设计时的对照和参考。

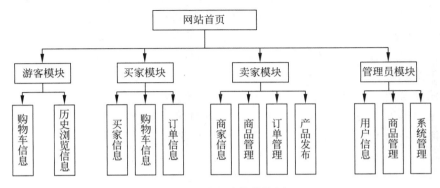

图 5.8 界面功能模块图

5.3　确定系统信息流结构

用例建模是为了进行需求分析,确定系统界面的需求,在确定信息流方面,可以从系统过程方面进行建模,从过程角度看系统的数据走向,确定系统信息流结构。系统分析最主要的过程模型是数据流图。

5.3.1　使用数据流图

数据流图是描述系统的数据流以及系统实施的工作或处理过程的工具,表示了一个功能到另一个功能的数据流。椭圆形表示要完成的工作或者过程,由它转换数据;矩形表示数据源或者数据的接收器,称为参与者;开放的方框表示数据存储,如文件或者数据库;箭头表示数据流。如图5.9所示是机票预订系统的数据流图实例。

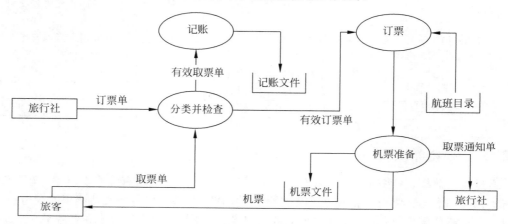

图5.9　数据流图实例

绘制系统数据流图的步骤如下。

(1)首先绘制出系统的输入和输出,即顶层数据流图。顶层数据流图只包含一个加工,以表示要开发的系统,然后再考虑该系统有哪些输入输出数据流。顶层数据流图的作用在于表明被开发系统的范围以及它和周围环境的数据交换关系。

(2)绘制系统内部,即下层数据流图,不能再分解的加工称为基本加工。一般将层号从0开始编号,采用自顶向下、由内向外的原则。绘制底层数据流图时,分解顶层数据流图的系统为若干个子系统,决定每个子系统间的数据接口和活动的关系。最后将其连接起来,完成数据流图的绘制。

数据流图提供了关于系统高层功能的以及各种加工之间的数据依赖关系的一个直观模型。数据流图显示了数据通过系统的流程。图中的箭头表示了数据可以沿着流动的通路,一般情况下没有循环和分支。数据流图可以展示具有不同定时的动态过程,如每小时、每天、每周都定时发生的过程。虽然通过数据流图能很清楚地看出整个系统数据流的走向,但是对于不太熟悉建模的开发人员来说,反而数据流图是含糊不清的,尤其是解释一个具有多个输入流的数据流图加工的方式有很多种:该功能需要所有的输入吗?还是只需要其中一个输入?解释一个具有多个输出流的数据流图也是不明显的。由于这些原因,数据流图最好是由熟悉该领域的人进行建模和使用,并且是作为大框架的模型使用,数据流的细节并不重要。

5.3.2 过程分解

分解是将一个系统分解成它的组件子系统、过程和子过程的行动。在界面设计中,过程分解是将页面需要实现的功能按照页面交互的过程进行分解,用分解图表示,比较简单的过程分解可以用流程图表示。分解图也称为层次图,显示了一个用户界面自顶向下的功能分解和结构。以下规则可运用于分解图。

(1) 分解图中每个过程要么是父过程,要么是子过程,或者两者都是。

(2) 父过程必须有两个或者多个子过程,单个子过程无法揭示系统的任何额外细节。

(3) 在大多数的分解图中,一个子过程只有一个父过程。

(4) 一个过程可以是父过程,也可以是子过程。

使用分解图,可以对页面的整个功能层次模块一目了然。如图 5.10 所示是在对二手交易平台界面进行功能模块划分的基础上,对卖家模块中商品管理模块的分解图。商品管理模块中,卖家进入自己的主页,选择商品,选择商品操作中包括查询商品、增加商品、删除商品和修改商品,操作完成后确认,商品管理完成。

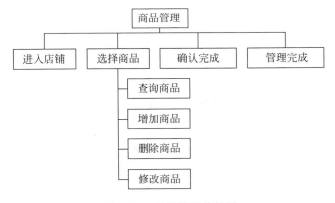

图 5.10　商品管理分解图

分解图不包含箭头,表示的是系统界面的功能结构,而不是流程,连线也没有命名,都具有同样的隐含的意思"由……构成"。例如,选择商品由查询商品、增加商品、删除商品和修改商品 4 个过程构成。分解图能够使得设计人员清楚地看出界面的层次结构,通过对界面的过程分解,理解整个界面的交互流程,对每一个功能的操作步骤使用流程图来展示,确定整个界面的信息流结构。

5.4　图形界面设计

在确定了用户的需求、产品的目标、系统的架构和信息流后,要对产品进行图形界面设计。图形界面是整个产品的"门面担当",用户通过界面与系统进行交互,系统的核心功能也要通过界面进行表达。优秀的图形界面能将系统的功能完整地融合在界面中,并能使用户接受它,使用它。图形界面设计在整个用户界面设计中处于承上启下的地位,并对整个产品的用户体验舒适度起到决定性的作用。图形界面设计传达的对象不仅是图像,设计的范围也不只是图像的设计,而是文字、符号、图像等信息的集成。

5.4.1　版面设计

构图与布局是界面设计中的一种艺术,它通过操纵用户在界面上的注意力完成对含义、顺序和交互发生点的传达,即构图与布局通过有组织的编排创造清晰的视觉流程,让用户通过视觉流程的引导一步一步了解界面的具体内容。构图与布局为文字和图形提供框架,在设计的过程中要遵循以下原则。

(1)相邻性:由于用户会将相邻的物体关联在一起,所以构图时将有关系的物体相邻摆放在一起,有利于用户快速熟悉界面。

(2)相似性:用户会将相同大小、颜色、形状的元素关联在一起,所以构图时将相同的元素放在一起,可减少用户认识界面的时间和难度。

(3)连续性:由于用户的眼睛想要看到对齐或者更小元素组成的连续线条和曲线,所以构图与布局时要将元素对齐。

(4)封闭性:用户希望看到简单封闭的区域,如矩形和大块空白,用户对界面元素的分组往往看上去组成了封闭的区域,所以在构图和布局时,应尽量将元素组成某个形状,加强封闭效果。

如图 5.11 所示支付宝界面布局是根据以上 4 个原则设计出的一个布局样式。

图 5.11　支付宝界面布局

5.4.2　文字设计

文字设计是将文字按照一定的设计规范和艺术规律进行修饰处理的过程。文字设计主要包括文字的字体、文字的大小和文字的颜色三个方面。在视觉设计中,文字的字体不一定需要统一,可以根据不同的需求更改字体,但不能因为要突出个性而使得字体杂乱无章,还是需要一个主要文字字体。目前中文字体一般用宋体、微软雅黑等通用字体,英文主要采用Arial、Verdana 等。如图 5.12～图 5.15 所示是目前常用的字体。在设计中最好使用系统自带的字体,这样方便在开发时能最大限度地还原文字字体的设计效果。文字的大小也是文字设计的一部分,在设计中,通常重点的部分会将字体放大,以达到醒目的效果。文字的颜色为了保证整体设计的一致性,一般选择与设计风格一致的标准色或衍生色。文字设计通过字体、大小和颜色的配合,可以使得重点信息快速传达到用户视线中。如图 5.16 所示是某购物网站兰蔻的广告宣传图,采用不同大小和颜色的文字来传达品牌理念。

微软雅黑　　幼圆　　楷体

图 5.12　部分常用中文字体 1

仿宋体　　黑体　　宋体

图 5.13　部分常用中文字体 2

Calibri　　Arial　　Helvetica

图 5.14　常用英文字体 1

Tahoma　　Verdana　　Trebuchet MS

图 5.15　常用英文字体 2

图 5.16　兰蔻宣传图

5.4.3 图形设计

在界面中,所有物体都具有形状,如使用的图标、控件,甚至界面的背景图都是不同的形状物体,图形设计包括图像、图标等的设计。从人的认知角度来说,人对不同图形的感知是不同的,如人看到锋利的刀状图形,会感到紧张,看到圆形的图形会感到亲切。因此在不同的场景下,图形的设计也不同。如在商务邮件收发系统中,如图 5.17 和图 5.18 所示,界面上所使用到的图形元素和控件以简单为主,且都是弱装饰性,主要将焦点放在邮件处理的任务上,以清晰和简洁的风格传达界面的目的,提高用户的信任度。在游戏的界面设计中,如图 5.19～图 5.21 所示,用户不希望在游戏中体验到枯燥无味的感觉,因此界面的图形设计会相对复杂,让用户充满兴趣去探索有趣的图形,再结合图像和图标的设计,使得用户在使用过程中感到愉快和亲切。以图形的设计为载体,将图像和图标呈现在界面上,不仅可以增加界面的美观性和趣味性,还可以增加用户使用界面的好感度。

图 5.17　163 邮箱登录界面

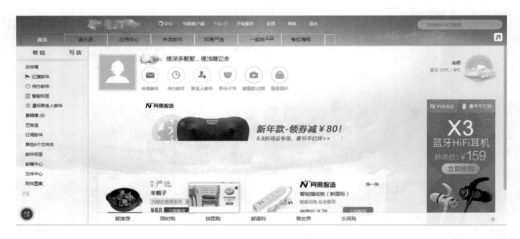

图 5.18　163 邮箱首页

图 5.19 王者荣耀游戏首页

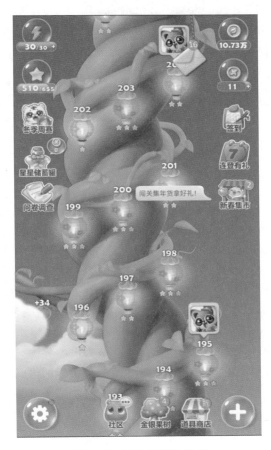

图 5.20 开心消消乐界面

第5章 界面设计的基本活动 ◀◀◀

图 5.21　纪念碑谷游戏界面

5.4.4　色彩设计

人眼在获取信息时,色彩是最直接影响人情感的要素。如在生活场景中红色代表危险,所以红灯表示暂停,消防设施大都使用红色作为标志;蓝色和绿色代表安全,所以绿灯表示通行,安全食品大都使用绿色作为标志。界面设计中,色彩的设计和搭配能凸显产品的个性,也是增加用户好感度的关键。关于色彩的搭配以及在设计中的应用,绘画大师们已经研究了几个世纪,在界面设计中的色彩搭配,没有标准答案,但是要避开不合适的色彩设计。如不要使用红色和绿色来区分重要的元素,因为很多色盲患者看不出它们的区别;不要在明亮的黄色和橙色背景上显示蓝色的小字,或者反过来,因为人眼不容易阅读这两种互补色。不同的色彩搭配能够体现出产品的风格,冷色调为主的界面,通常使用于商务产品或者比较严肃和保守的产品,如中国知网(如图 5.22 所示)、新华网(如图 5.23 所示)。暖色调和高饱和的颜色给人亲切、明亮、有力、温暖的感觉,通常使用于娱乐、消费等产品,如淘宝网(如图 5.24 所示)、网易云音乐(如图 5.25 所示)。

图 5.22　中国知网首页

图 5.23　新华网首页

图 5.24　淘宝网首页

图 5.25　网易云音乐界面

5.5　可用性检验

　　用户界面的可用性检验是把界面的软硬件系统按照其性能、功能、界面形式、可用性等方面与某种预定的标准进行比较,对其做出检验结果。对于用户界面的可用性,可以从三个方面进行检验:界面的功能检验,界面的效果检验,界面的问题诊断。

　　界面的功能检验即检查界面是否实现了需求分析时所归纳的用户需求,用例图里的功能是否都在界面中有所体现,是否能够运行成功。界面的效果检验即界面在实现了功能的基础上,在布局、色彩搭配等视觉和用户体验上是否达到了某种标准,视觉设计是否有艺术感,用户在使用中能否感到轻松愉悦,交互设计是否符合用户的工作和使用习惯。界面的问题诊断即通过对界面功能和效果的检验,发现界面存在的问题,对问题进行诊断和解决。用户界面的问题诊断贯穿整个界面设计的可用性检验过程,在不断地发现和解决问题过程中完善用户界面。

习　　题

1. 为什么在进行系统开发工作前,要获取需求?
2. 获取需求有哪些方法?
3. 在需求获取时,不做任何调研直接与客户进行交流的行为合适吗?
4. 获取需求后,对于任务的分析有哪些步骤?
5. 符合什么要求的需求是可以进行需求建模的?

6. 请参考需求建模中的表 5.3 下订单用例说明,对"发布商品"这个用例进行说明。

7. 请画出文中例子"二手交易平台"的数据流图。

8. 请参考图 5.10,对"订单管理"进行过程分解。

9. 如果要对某商务邮箱进行图形设计,应该设计成什么风格?

10. 什么是可用性检验?

第6章 生命周期

6.1 软件开发生命周期模型

软件开发生命周期模型通常也被称为软件生存周期模型,是一个软件产品在设计、开发、运行和维护中有关过程、活动和任务的框架,这些过程、活动和任务覆盖了整个软件产品开发的生命周期,从需求获取到产品终止使用。常见的软件开发生命周期模型有编码修正模型、瀑布模型、V模型、增量模型、演化模型、螺旋模型、统一软件工程过程模型等。本节重点介绍瀑布模型、螺旋模型和统一软件工程过程模型。虽然软件开发生命周期模型较多,但它们都有如下共同的特征。

（1）描述了开发的主要阶段。

（2）定义了每一个阶段要完成的活动和任务。

（3）规范了每一个阶段的输入和输出。

（4）提供了一个框架,可以把必要的活动都映射到框架中。

6.1.1 瀑布模型

瀑布模型是典型的软件开发生命周期模型。如图6.1所示,瀑布模型包括问题定义、可行性研究、需求分析、设计、编码、测试、运行与维护六个阶段,其中,设计又包括架构设计和详细设计,测试有单元测试、集成测试、系统测试和验收测试。瀑布模型中,一个开发阶段必须在另一个开发阶段开始之前完成,并且每个阶段都要有明确的提交输出产品,如需求阶段的需求规格说明书、设计阶段的系统设计说明书、开发阶段的实际代码、测试阶段的测试用例和最终的产品。

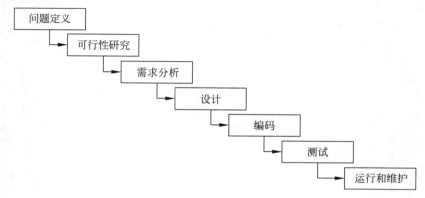

图 6.1　瀑布模型

瀑布模型是第一个被完整描述的过程模型,是其他过程模型的鼻祖。瀑布模型容易理解,管理成本较低。瀑布模型中的每一个阶段都是通过文档传递到下一个阶段,所以原则上瀑布模型的每一个阶段不连续也不迭代,开发人员可以在最开始制订计划,以此降低管理的成本。瀑布模型在软件生命周期结束前不提交有形的软件成果,但是每个阶段都会有文档的产生,对开发进展过程进行充分的说明。由于瀑布模型的每个阶段不连续也不迭代,所以在一开始做需求分析时,客户必须完整、正确、清晰地表达需求,这一点在实际的开发过程中很难做到,并且瀑布模型需要花大量的时间来建立文档,在项目开始的两三个阶段中,很难评估真正的开发进度,在项目快结束的时候,会出现大量的集成和测试工作。因此,瀑布模型适合于有稳定的需求定义和很容易理解的方案的软件产品。

瀑布模型是软件生命周期模型研究人员提出来的第一个模型,在软件工程中占有重要地位,提供了软件开发的基本框架,是传统过程模型的典型代表,因为管理简单,所以常常被选为合同上的开发模型。

6.1.2 螺旋模型

螺旋模型是一种以风险为导向的生命周期模型,是由 Boehm 根据系统包含的风险针对软件开发过程提出来的,把开发活动与风险控制结合起来。如图 6.2 所示,螺旋模型中,开发工作是迭代完成的,只要完成了一个开发的迭代,就会开始下一个迭代。图中的每一个圈都是一个瀑布模型,即螺旋模型把瀑布模型作为一个嵌入的过程。螺旋模型沿着螺旋线进行若干次迭代,图中的 4 个象限代表了制订计划、风险分析、实施工程、客户评估 4 项活动。

制订计划:确定软件产品的目标,选定实施方案,弄清项目开发的各项限制。

风险分析:对项目方案进行评价,考虑如何识别风险和规避风险。

实施工程:对软件产品进行开发,验证下一级产品。

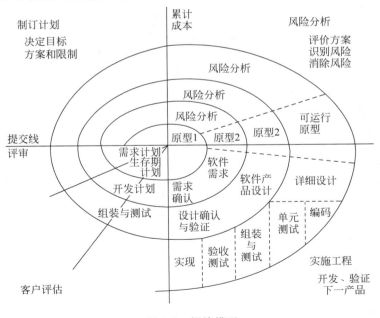

图 6.2 螺旋模型

客户评估:评价这一段的开发工作,提出修正意见,制订下一步的计划。

螺旋模型强调风险分析,在每一阶段开始前,都必须进行风险评估,越早期的迭代过程成本越低,规划概念比需求分析的代价低,需求分析比设计、开发、测试的代价低,但是随着成本的增加,软件产品的风险程度随之降低。螺旋模型适合于开发风险很大的项目,如当客户不能确定系统需求时,螺旋模型是很好的软件开发生命周期模型。

6.1.3 统一软件工程过程模型

统一软件工程过程模型(Rational Unified Process,RUP)是一个面向对象且基于网络的程序开发方法论。瀑布模型很好地解决了软件开发中"混乱"的问题,随着软件的应用越来越复杂,单一且线性的瀑布模型已满足不了软件产品的开发,因此出现了螺旋模型。但在实际应用中,螺旋模型过于复杂,以至于开发者难以掌握并发挥其作用。RUP 模型吸取了已有模型的优点,克服了瀑布模型过于序列化和螺旋模型过于抽象的不足,总结了软件开发过程中需要提前认知风险,在需求管理中需要与客户达成共识等经验,并且通过过程模型提供一系列的工具、方法论、指南,为软件开发提供了指导。如图 6.3 所示是统一软件工程过程模型的框架图。

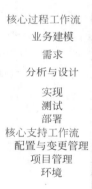
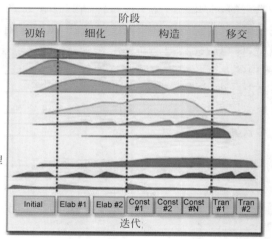

图 6.3 统一软件工程过程模型框架

统一软件工程过程模型中的软件生命周期在时间上被分为 4 个阶段:初始阶段、细化阶段、构造阶段和移交阶段。每一个阶段的结尾都执行一次评估以确定这个阶段的目标是否满足,如果评估结果符合预定的标准,那么项目可以进入下一个阶段。RUP 的主要特点是以用例驱动的、以架构为中心的、风险驱动的迭代和增量开发的过程。

初始阶段:初始阶段要做的事情是确定系统的参与者和用例,对项目进行可行性分析,确定系统的目标。这个阶段主要是确定项目的风险和优先次序,并对细化阶段进行详细规划和对整个项目进行粗略计算。

细化阶段:这个阶段主要是解决用例、架构和计划是否足够稳定可靠,风险得到充分控制。细化阶段的目标是分析问题领域,建立健全的体系结构基础。体系结构包括用例模型、分析模型、设计模型等,编制项目计划,淘汰项目中风险最高的元素。

构造阶段：这个阶段集中开发产品，所有的功能都被详细测试。

移交阶段：这个阶段主要基于用户需求对产品进行细微的调整，确保产品对最终用户是可用的。在生命周期这一点上，用户反馈主要集中在产品调整、设置、安装、可用性等问题上。

6.2　界面设计生命周期模型

开发一个软件产品，界面设计与实现也是其中的一部分工作，从需求分析到最后的运行与维护，界面作为软件产品的一部分，必须参与整个软件生命周期。因此对于界面设计而言，界面设计的生命周期模型与软件开发的生命周期模型是一致的。下面以瀑布模型为例来解释界面设计的生命周期模型。

如图 6.4 所示是界面设计的瀑布模型。

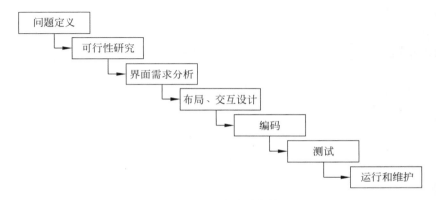

图 6.4　界面设计瀑布模型

1．需求分析

需求分析活动包括需求的获取、收集和分析三个过程。对于界面设计来说，界面的功能需求与软件产品的功能需求一致，软件的功能需要通过用户对界面的操作来体现。在需求分析中，设计人员要更多地获取用户对于界面样式、操作的喜好，了解用户的日常工作习惯，为界面设计提供更好的用户基础。

2．架构设计

在软件生命周期中，架构设计是从计算机实现的角度提出满足用户需求的解决方案的过程，主要包括应用系统的功能结构和数据库设计。在软件产品的架构设计过程中，界面设计要根据应用系统的功能结构确定界面的功能模块，以及确定界面的实现过程中需要与数据库交互的接口。

3．详细设计

详细设计是将架构设计中的子系统和模块进行进一步的设计和落实。对于界面设计而言，详细设计就是进行布局设计、图标设计、交互设计等。将界面的操作流程原型化，最好在详细设计部分得到用户界面的原型产品，以便于之后开发人员的代码编写工作。

4．编码

根据界面设计的原型或图纸将界面实现出来。

5. 测试

测试过程分为单元测试、集成测试、系统测试和验收测试。在界面实现的过程中,可以单独对界面的操作逻辑进行单元测试和集成测试。界面作为软件产品的一部分,需要与软件的其他部分一起参与系统测试和验收测试。

6. 运行与维护

在运行与维护阶段,要对软件产品进行追踪,除了修复系统存在的问题外,也要根据用户的反馈对用户界面进行修改和完善。如现在很多应用程序在维护和更新后会对用户界面进行小部分的改动,以更符合用户视觉体验和使用习惯。

习　题

1. 请阐述软件开发生命周期模型的特征。
2. 瀑布模型包括哪几个阶段?
3. 当客户不确定需求时,瀑布模型是否合适? 如果不合适,哪个模型比较合适?
4. 以瀑布模型为例,阐述界面设计在各个阶段都进行哪些活动。

第7章 界面设计的评估

7.1 评估对象和目标

用户界面评估从界面的开发过程角度可以分为两类,一类是在设计和开发过程中进行评估,称为阶段评估;另一类是在用户界面完成之后进行评估,称为总结评估。在阶段评估中,利用界面设计生命周期模型,在每一个阶段活动后进行评估,如需求阶段评估界面功能需求是否符合用户需求,设计阶段评估界面的布局、图标、色彩设计等是否符合用户的审美和喜好,开发阶段评估界面的实现是否符合设计,实现的进度是否符合预期等。在总结性评估中,主要对界面各项指标进行定量评估,如反馈时间、错误率等。阶段评估中大多数采用开放式手段,如用户访谈、问卷调查、态度调查等;而总结评估采用比较严格的定量评估。

在界面设计的生命周期中,每一个阶段结束后都需要对这个阶段进行评估。需求阶段的评估对象是需求规格说明书;设计阶段的评估对象是界面设计的原型,包括图标设计、布局设计、交互式设计的成果;开发阶段的评估对象是最后开发出的成果,不断对其进行单元测试、集成测试,并对测试的结果进行评估;最后对实现的界面进行总结评估。以下列举了部分总结评估可参考的指标,部分指标在阶段总结中可以作为评估参考。

(1) 界面上字符的可读性。

(2) 界面布局的合理性。

(3) 各帧屏幕次序的合理性。

(4) 色彩搭配的美观性。

(5) 颜色的使用对显示状况的改善情况。

(6) 色彩搭配考虑到色盲者的使用情况。

(7) 整个界面中术语使用的一致性。

(8) 语言选择的易懂性。

(9) 缩略词用法的合理性。

(10) 屏幕上信息的清晰性。

(11) 重要信息的突出性。

(12) 信息组织的逻辑性。

(13) 用户输入信息的位置、格式的合理性。

(14) 界面上不同类型信息是否区分。

(15) 求助信息获得的难易程度。

(16) 对输入信息修改的方便性。

(17) 错误避免的有效性。

（18）是否综合考虑生疏型和熟悉型用户的需求。

（19）学习界面的难易程度。

（20）图标与符号的形象明确性。

（21）界面响应时间。

（22）对破坏操作保护的合理性。

（23）因界面问题导致系统发生故障的频率。

……

一个成功的应用系统离不开成功的用户界面，而用户界面的成功离不开对用户界面的评估，对用户界面进行评估的目的在于降低系统技术支持的费用，缩短最终用户培训时间，减少由于用户界面问题而引起的软件修改和改版问题，使得软件产品的可用性增强，易于用户使用，并帮助设计和开发者更深刻地体会"以用户为核心"的设计原则。

7.2 评 估 方 法

对于用户界面的评估方法有很多，大致分为三类：用户评估、理论评估和专家评估。其中，用户评估是通过让用户在恰当的环境中完成特定的一个或多个任务，记录交互过程中客观的用户数据来进行的，以此了解用户对界面的满意程度及界面设计的有效性。理论评估一般是由设计者或评估者根据某种形式化方法计算任务或用户模型与系统描述的匹配情况，这种方法可以给出定量的结果。专家评估是让专家作为评估者，用结构化的方式使用界面，测试界面是否符合预先定义的标准，专家评估的结果反映了评估者的主观看法。这三类方法在界面评估中各有优缺点，具体见表7.1。因此在界面评估方法选择中，应该多方面覆盖，选择多种方法进行评估，以保证用户界面的质量。

表 7.1 评估方法对比

	优 点	缺 点
用户评估	（1）评估全面，准确； （2）评估环境近似于真正的使用环境； （3）以用户为中心； （4）可以用于界面设计生命周期各个阶段	花费时间多，代价大
理论评估	评估结果定量，一目了然，便于开展后续工作	假设条件太多，离真正应用还有一段距离
专家评估	（1）评估快速； （2）评估代价小	（1）个人经验判断，会有倾向性； （2）很难从用户立场看问题

7.2.1 可用性测试

可用性测试通过组织典型目标用户组成测试用户使用界面设计的原型完成一组预定的操作任务，并通过观察、记录和分析测试用户行为获取相关数据，这是对界面进行可用性评估的一种方法。可用性测试适用于界面设计中后期界面原型的评估，通常是由测试人员和观察人员在特定的测试环境下进行，测试人员完成预定的测试任务，观察人员在一旁记录测试用户的行为过程，也可借助摄像机、眼动跟踪技术、鼠标轨迹跟踪技术等进行数据收集，最后分析数据得到结论。

在进行可用性测试之前,要先确定测试的目标、环境、设备和角色。可用性测试的步骤如下。

（1）制订测试计划。明确测试的目的、评估的对象和目标,总结用户范围,确定测试任务清单和测试报告的内容。

（2）选择和邀请参与者。根据上一阶段确定的用户范围选出用户代表,并将用户分为若干类,每类至少 4 名用户,邀请用户,建立潜在用户信息数据库。

（3）准备测试材料。需要在材料中对测试的目的、背景进行描述,确定材料的内容格式、测试任务情景和数据收集的格式,对测试的问题进行设置,检查各项材料清单。

（4）进行模拟测试。对测试的时间进行估计,在模拟中发现模糊的规则和有误导性的问题,并对模糊规则和问题进行修改和完善。

（5）执行真正的测试。与参与者共同测试交互设备,在参与者遇到问题时给予帮助和提示,测试完成后立即保留有趣的问题和有意义的发现。

（6）分析得到结论。在分析过程中总结数据、分析数据,对测试进行描述,填写测试报告,对测试结果进行总结,对测试过程中发现的问题进行分析总结,对建议、改进按照重要程度进行排序,依次解决。

7.2.2　问卷调查

问卷调查是用于搜集统计数据和用户意见的常用方法,是开放式的评估方法,适用于界面设计的阶段评估。问卷调查的好处是可以大量搜集用户的意见,从中找出普遍性的意见。问卷调查根据载体的不同,可以分为纸质问卷调查和网络问卷调查。纸质问卷调查就是传统的问卷调查,而网络问卷调查是随着计算机的发展而发展起来的。纸质问卷调查需要人工来分发问卷,再回收问卷,对结果进行人工统计和分析,过程烦琐且工作量巨大。网络问卷调查依靠互联网设计问卷、发放问卷,分析结果也可以用计算机软件完成。这种方式能节省很多人力物力,覆盖面广,目前很多问卷调查都采用了网络问卷调查的方式。目前随着移动设备的普及,问卷调查可以直接通过手机 APP 完成,使得调查更加方便了。

问卷调查的评估步骤如下。

（1）设计问卷。问卷调查的第一步是设计调查问卷,问卷的设计中要包括被调查者的基本信息,如年龄、性别和计算机使用经验等。应明确评估的目的,有针对性地设计问题,问题可以是开放式的,也可以是封闭式的。

（2）发放问卷。问卷的发放可以采用传统人工和网络结合的方式,一部分进行人工发放,一部分通过网络进行发放。

（3）收集问卷分析结果。在收集了调查问卷后,评估者需要对数据进行处理。首先找出数据的走向和模式,再对数据结果进行分析和总结,得到评估结果。

7.2.3　用户访谈

用户访谈是一种探究式的评估方法,在界面设计的前期,可通过用户访谈了解用户的需求和期望值,在界面设计的中后期通过用户访谈了解用户对于设计的看法,对界面的设计进行增删改查,在用户完成测试任务后再进行访谈,这样目标性更强,容易挖掘出更多的问题。

用户访谈主要有 4 种类型：结构化访谈、非结构化访谈、半结构化访谈和集体访谈。前三种是访问者按照预先确定的问题进行访谈，第四种是围绕特定论题进行小组讨论。结构化访谈是根据预先确定的一组问题进行访谈，适合于对评估目标和具体问题非常明确的情况。结构化访谈的问题通常是"封闭式"的，要求被访问者准确回答问题。非结构化访谈是围绕特定的问题展开对话，没有预先设定的问题，问题不限定回答的内容和格式。非结构化访谈的好处是能够产生大量的数据，并且被访问者可能会提到一些访问者没有想到的问题。半结构化访谈是结合了非结构化访谈和结构化访谈的特征，既采用开放式问题，也采用封闭式问题，访问者可以从预设的问题开始，慢慢引导被访问者进一步提供信息，直到无法发掘新信息为止。集体访谈通常由 3～10 名具有代表性的典型用户组成，他们往往存在某些共同特征，称为"专门小组"，这样的好处是能够收集到各种不同或敏感的问题，以及容易被忽略的问题。

在对访谈进行设计时，需要遵循以下原则。

（1）访问的问题不宜过长，过长将不便于被访问者记忆。

（2）访问的问题避免使用复合句式，最好拆分为独立的小问题。

（3）访问的问题应避免使用会误导被访问者的语言。

7.2.4　启发式评估

启发式评估也称为经验性评估，主要是邀请可用性度量专家根据自身的实践积累和经验，在通用用户界面可用性指南、标准和人机交互界面设计原则的基础上，对测试的界面进行评估。这样的评估方法成本低、直接、简单、易行，但是缺乏精度，可能忽略特殊领域内的问题，适用于界面设计的中前期，能够发现较多问题，发现重要问题和小问题。

启发式评估的步骤如下。

（1）评估介绍。这个阶段中向评估的专家介绍项目背景，告诉专家需要做什么。可以预先准备一份指导说明，以确保每位评估专家都获得相同的信息。

（2）进行评估。这个阶段中专家进行产品的检查评估，专家根据启发式原则，结合自身经验，找出界面的潜在问题。

（3）评估总结。这个阶段中专家们集中讨论评估过程中的发现，确定问题的优先级并提出解决的方案。

7.2.5　层次任务分析

层次任务分析法是一种在国内广泛应用但较少讨论到的评估方法，其核心思想是在一个层次结构中对任务进行分解，得到任务的下位目标和与此对应的下位操作从而进行评估。

层次任务分析法由于自身的特点，决定了它的主要使用范围是在一个产品的某个具体功能的使用过程中，或是具体的使用流程过程中，因此这种方法具有很强的针对性。层次任务分析法可以在整个界面设计生命周期中使用。在界面的设计阶段，层次任务分析法可以用来构思这个界面的使用过程，方便进行交互设计；在界面的开发阶段，方便对界面使用的过程进行分析，找出关于使用过程的设计缺陷，便于修改；在界面的维护阶段对界面进行更新时，可以依据原有的操作流程，在原有的使用习惯上改良。但层次任务分析法的主观性较高，关于界面操作任务的前后次序评定，都是依靠评估者的主观评价来进行的，因此评估者的经验和能力对评估结果起到了很大的作用。

层次任务分析法的步骤如下。

（1）定义分析目的。分析的目的确定了任务层次和相关信息收集等内容,在定义分析目的阶段要确定层次任务分析的目的是界面设计,可以具体到是界面设计的哪个阶段,如设计还是开发。

（2）定义边界。确定了分析的目的后,要根据分析的目的确定边界。如果分析的目的是为了评估界面设计的操作流程,那么边界将会围绕界面的交互设计展开。

（3）定义目标和下位目标。层次任务分析的主要实施过程之一就是将目标按照一定的层次关系显示出来。分解目标时,将产生一系列下位目标和完成这些下位目标的下位操作。

（4）缩减下位目标数量。当分解的下位目标较多时,需要进行一定数量的缩减,检查下位目标,看看是否部分下位目标可以合并成一个新的上位目标,原有下位目标成为这个新上位目标的下位目标。

（5）连接下位目标和上位目标。并标明下位目标的触发条件。一个上位目标的下位目标被触发的顺序是根据特定的计划来实现的,当一个下位目标被触发后,计划就从上层目标向着下位目标方向执行。

（6）当分析满足目的时,停止再次定义下位操作。使用 $P \times C$ 规则停止分析,P 表示执行任务失败的概率,C 表示任务失败的成本,当 $P \times C$ 低于某个设定值的时候,停止或扩展该目标。设定值由分析人员根据经验确定,可以利用行业专家的相关经验。

（7）对分析进行修订。对于层次任务分析,想要一次分析得到完美结果是不可能的,因此,分析的文件要仔细保存,以备在之后的修订中使用。

习　　题

1. 对于用户界面的设计,需要对哪些内容进行评估?
2. 在界面的评估当中,三类评估方法有什么异同之处?
3. 邀请可用性度量专家根据自身的实践积累和经验进行的评估是哪种评估方法?
4. 对于界面设计的阶段性评估,是否可以使用问卷调查方式?

第三部分　设计与实现过程

8.1　认识 Axure RP

Axure RP 是一个专业的快速交互式设计工具,是美国 Axure Software Solution 公司旗舰产品,使负责定义需求和规格、设计功能和界面的专家能够快速创建应用软件或 Web 网站的线框图、流程图、原型和规格说明文档。作为专业的原型设计工具,它能快速、高效地创建原型,同时支持多人协作设计和版本控制管理。

Axure RP 目前被很多大公司采用,成为创造成功产品必备的原型工具,其主要使用者包括商业分析师、信息架构师、可用性专家、产品经理、IT 咨询师、交互设计师等。Axure RP 作为基于 Windows 的原型设计工具,既可以设计手机端原型界面,也可以设计网页端原型界面,可以让用户轻松绘制流程图,快速设计原型页面组织的树状图。Axure RP 具有强大的函数库和逻辑关系表达式,只需要较少的编程基础便可以轻松制作出任何交互演示效果,并且可以自动输出 Word 版说明文档。除此以外,Axure RP 可以轻松实现跨平台演示,不仅能在苹果系统上演示,也能很方便地在安卓平台上演示。

Axure RP 的工作环境如图 8.1 所示,主要由 10 个部分组成:1 是菜单栏,用于执行常用操作,如打开文件、新建文件等;2 是快捷工具栏,常用的工具都以图标形式放置在快捷工具栏中,便于操作;3 是站点地图面板,可对所设计的页面(包括线框图和流程图)进行添加、删除、重命名和组织页面层次;4 是部件面板,该面板包含线框图部件和流程图部件,另外,还可以载入已有的部件库(∗.rplib 文件)创建自己的部件库;5 是母版面板,母版是一种可以重复使用的特殊页面,在该面板中可进行模块的添加、删除、重命名和组织模块分类层次;6 是页面制作区面板,也称为线框图工作区,是进行原型设计的主要区域,在该区域中可以设计线框图、流程图、自定义部件、模块;7 是页面属性面板,包括页面注释、页面交互和页面样式;8 是部件交互和注释面板;9 是部件属性和样式面板;10 是部件管理面板。

用户可以根据自己的需要选择显示或者不显示以上 10 个面板,也可以自己在菜单栏的"视图"选项中进行自定义操作,可以通过勾选或取消勾选来显示或隐藏相应的面板,如图 8.2 所示。

Axure RP 包含三种不同的文件格式:.rp 文件,.rplib 文件和.rpprj 文件。其中,.rp 文件是设计师使用 Axure 进行原型设计时所创建的单独文件,也是创建新项目时的默认格式;.rplib 文件是自定义部件库文件,可以通过网络下载 Axure 部件库使用,也可以自己创建自定义部件库;.rpprj 文件是团队协作的项目文件,通常用于团队中多人协作处理一个比较复杂的项目,不过在自己制作复杂项目的时候也可以选择这个文件,因为该文件允许随时查看并恢复到任意的历史版本。

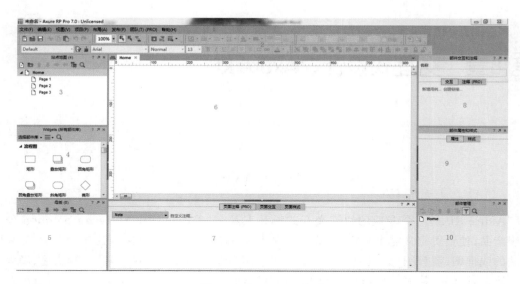

图 8.1　Axure RP 首页

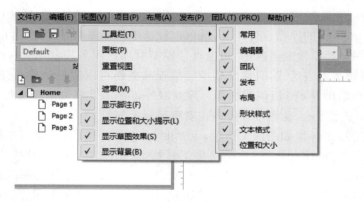

图 8.2　面板调整

8.2　Axure RP 详解

8.2.1　站点地图

站点地图用于创建和管理页面,包括线框图页面和流程图页面。添加页面的数量是没有限制的,若页面数量非常多,强烈建议使用文件夹进行管理。页面是 Axure 中的顶级元素,新建一个 Axure 项目后,会在默认的站点地图区域创建一个首页和三个子页面,可以删除这些页面,也可以在此基础上对页面进行修改。

在站点地图区域,如图 8.3 所示,可以进行以下操作。

(1)创建新页面。

(2)创建文件夹,对页面进行分类。

(3)使用上下箭头移动页面位置,改变页面顺序。

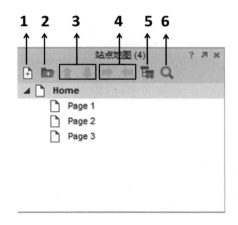

图 8.3　站点地图

（4）使用左右箭头管理页面的层级关系，这种层级关系只是一种视觉表示，并非页面内容上的层级逻辑关联。

（5）删除页面。

（6）搜索页面。

8.2.2　部件面板区

部件面板区有 Axure 内置部件库，可以导入和管理第三方部件库、管理自定义部件库。部件面板区中还可以使用流程图部件，创建流程图、站点地图等。Axure 的部件默认分为三类：常用类部件、表单类部件、菜单和表格类部件。

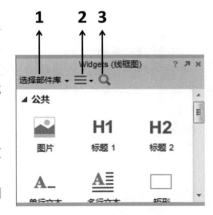

图 8.4　部件面板区

如图 8.4 所示，在部件面板区可以进行以下操作。

（1）单击"选择部件库"，在下拉列表中选择想要使用的部件库。

（2）选择按钮，可以载入已经下载好的部件库，创建或者编辑自定义部件库。

（3）搜索部件。

Axure 中内建的部件分别有着不同的属性、特性和局限性，需要先熟悉一下这些基础的部件。

1. 图片

图片部件可以用来添加图片和插图，显示设计理念、产品等。对于图片部件，可以进行导入图片、粘贴图片、添加和编辑图片文字等操作，如图 8.5 所示。

（1）导入图片。

拖放一个图片部件到设计区域并双击可导入图片。Axure 支持的常见图片格式有 GIF、JPG、PNG 和 BMP。当出现对话框询问是否自动调整图片大小时，单击"是"按钮表示将图片设置为原始大小，单击"否"按钮表示图片将设置为当前部件的大小，如图 8.6 所示。

图 8.5　图片部件　　　　　　　　　　图 8.6　图片大小调整

（2）粘贴图片。

图片可以从 Photoshop 以及其他图片设计编辑工具中复制粘贴到 Axure 中，如图 8.7 所示。

图 8.7　粘贴图片

（3）添加和编辑文字。

可以给导入的图片添加和编辑文字，双击导入的图片后，右击图片，选择"编辑文字"命令，还可以给文字编辑颜色、大小、字体等样式，如图 8.8 所示。

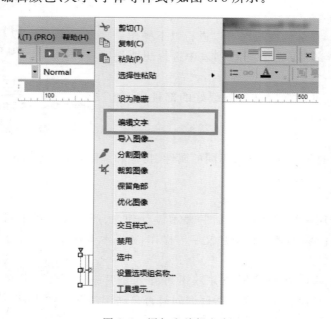

图 8.8　添加和编辑文字

（4）更改图片透明度。

在部件样式面板中输入不透明度的百分比即可更改图片透明度，如图 8.9 所示。

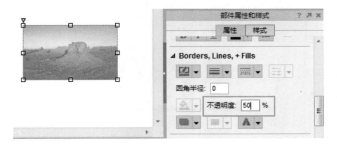

图 8.9　更改图片透明度

以上对于图片部件的操作只是举了一些基础的例子，在 Axure 中图片部件还有很多操作，读者可以亲自下载 Axure RP 进行探索。

2. 水平线和垂直线

原型界面中常常使用水平线和垂直线将界面进行拆分，如将页面分为 header 和 body。对于水平线和垂直线的操作有：添加箭头、更改样式、旋转箭头。

（1）添加箭头。

线条可以通过工具栏中的箭头样式转换为箭头。选中线条，在工具栏中单击箭头样式，在下拉列表中选择合适的箭头样式，如图 8.10 所示。

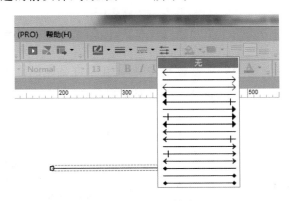

图 8.10　添加箭头

（2）更改样式。

线条可以添加颜色，改变宽度和添加样式，在工具栏中设置即可，如图 8.11 所示。

（3）旋转箭头。

在 Windows 系统中按住 Ctrl 键，在 Mac 笔记本中按住 Cmd 键，同时光标悬停在线条末尾拖曳即可旋转箭头。也可以在部件样式面板中进行旋转角度设置。

3. 图片热区

图片热区是一个不可见的层，这个层可以放置在任何区域之上并在图片热区部件上添加交互。图片热区部件通常用于自定义按钮或者给某张图片添加热区。

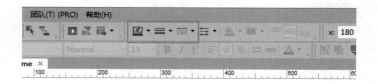

图 8.11　更改线条样式

4. 动态面板

动态面板

图 8.12　动态面板部件

动态面板是一个可以容纳其他部件的容器，并且可以有多个状态，状态之间可以切换。动态面板可以设置成自适应内容，即根据内容来自动调整大小。动态面板可以设置成100％宽度，生成 HTML 原型时会在浏览器中以 100％宽度展示，这对于带有背景图的网页非常实用。在动态面板中所有的部件都可以直接设置成隐藏，而不一定要通过动态面板实现。在实际的工程项目中，动态面板是使用最多的部件，如图 8.12 所示。

5. 动态面板状态

动态面板可以包含一个或多个状态，并且每个状态中都可以包含多个其他部件，但是每个状态只能在同一时间显示一次，使用交互可以隐藏和显示动态面板及设置当前面板状态的可见性。

（1）编辑动态面板状态。

在编辑动态面板时，可以看到浅蓝色轮廓区域，表示在动态面板中只能看到蓝色区域的内容。编辑动态面板状态中部件的操作，与平时拖曳部件是一样的。如果添加的部件大小超过了动态面板的范围，就需要添加滚动栏或者勾选"调整大小以适合内容"，勾选此选项后，动态面板的尺寸与面板中的部件尺寸就会自适应，如图 8.13 和图 8.14 所示。

图 8.13　动态面板大小

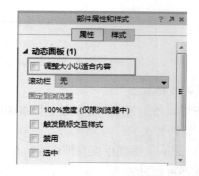

图 8.14　更改动态面板大小适应内容

（2）添加动态面板状态。

在默认状态下，动态面板状态里面是空的，因此需要添加部件到动态面板状态中。在设计区域双击动态面板，或者在部件管理器中双击"动态面板状态"，在弹出的对话框中，可以添加、删除、重命名、复制或打开编辑动态面板状态，如图 8.15 所示。

图 8.15　添加动态面板状态

6. 动态面板交互

在设计区域中添加了一个动态面板部件后，可以添加用例来给动态面板添加交互效果。在动态面板的交互中，可以对动态面板进行状态设置，以及设置动态面板的属性等。

（1）设置动态面板状态。

创建一个多状态的动态面板，并使用设置面板状态动作设置动态面板到指定状态，在用例编辑器中选择动作并在页面列表中选择状态。在这个动作中可以同时设置多个动态面板状态，如图 8.16 所示。

图 8.16　设置动态面板状态

（2）设置动态面板属性。

在用例编辑器中，可以对动态面板的属性进行设置。进入/退出时动画表示在动态面板切换状态时的过渡效果，例如淡入淡出等。如果指定的动态面板是隐藏的，勾选"显示面板"复选框会在执行动态面板状态设置的时候显示该动态面板；勾选"展开/收起部件"复选框会使动态面板下面或右侧的部件自动移动，用于展开和折叠内容；使用"隐藏/显示"动作可以显示或隐藏动态面板的当前内容，如图 8.17～图 8.19 所示。

图 8.17　显示动态面板

图 8.18　展开/收起部件

图 8.19　显示/隐藏动态面板

（3）循环状态。

在动态面板"选择状态"下拉列表中选择状态,勾选复选框允许动态面板状态进入循环,当到达最后一个状态时,面板会设置到第一个状态,从而实现无限循环。循环间隔是给前后两个状态切换时添加的时间间隔;"停止循环"选项可以停止动态面板的自动循环,如图 8.20和图 8.21 所示。

图 8.20　设置循环状态　　　　　　图 8.21　停止循环状态

（4）Value 值。

也可以只用 Value 值来设置动态面板的状态,但是值必须和想要显示的动态面板状态名称一致才可以正确显示,如图 8.22 所示。

7. 内部框架

外部的 HTML 文件、视频和地图等内容都可以嵌入内部框架中。直接拖曳内部框架部件到设计区域,双击内部框架,在弹出的对话框中指定内容在内部框架中显示。可以在内部框架中添加 Axure 内置的预览图片,也可以自定义预览图片。预览图片会在设计区域中显示,但是不会在原型中显示,如图 8.23～图 8.25 所示。

8. 中继器

中继器部件是 Axure 7 新增的功能,可对文本、图片、链接等进行重复显示,适用于商品列表、联系人列表、交易列表等。对于中继器可以进行数据集编辑、添加交互、编辑文本框等操作,如图 8.26 所示。

中继器部件是由中继器数据集中的数据项填充,填充的数据项可以是图片、文本或者是链接。双击中继器部件,可以在页面底部看到中继器数据集。在"中继器项目交互"中,可以添加用例来进行数据填充,如图 8.27 和图 8.28 所示。

9. 下拉列表框

下拉列表框是界面设计中经常用到的元素,常用来进行地址选择、性别选择等。将下拉列表框部件拖曳到设计区域中,双击下拉列表框打开编辑选项,可以对下拉列表框中的项目进行添加、删除和排序操作。在属性设置部分可以进入下拉列表框,如图 8.29~图 8.31所示。

图 8.22　Value 值

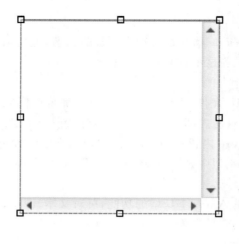

内部框架

图 8.23　内部框架部件

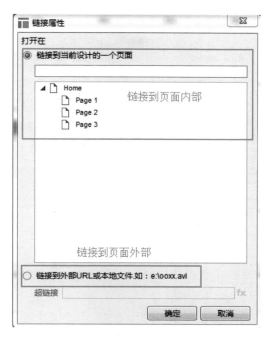

图 8.24　内部框架链接属性

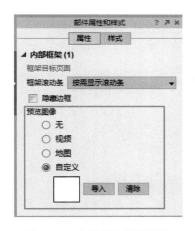

图 8.25　内部框架属性设置

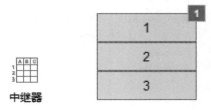

图 8.26　中继器部件

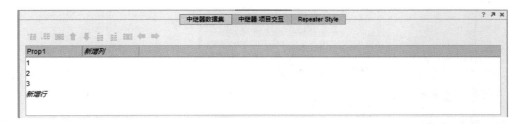

图 8.27　中继器数据集

第8章　交互式设计之Axure RP ◀◀◀

图 8.28　中继器用例编辑

图 8.29　下拉列表框部件

图 8.30　下拉列表框选项编辑

图 8.31　下拉列表框选项禁用

10. 列表选择框

下拉列表框也可以用列表选择框来代替。将列表选择框部件拖曳至设计区域,对于列表选择框中的项目添加、删除等操作都与下拉列表框一致,但列表选择框可以设置允许多项选择,如图 8.32 和图 8.33 所示。

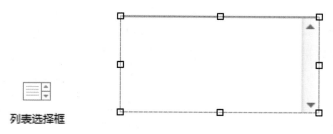

图 8.32　列表选择框部件

图 8.33　列表选择框选项编辑

11. 单选按钮

单选按钮通常用于表单中,提供给用户进行选择。这个选择可以触发页面上的交互或者被存储的变量值跨页交互。当将单选按钮添加到组中后,一次只能将一个单选按钮设置为选中的状态。在默认情况下,单选按钮是启动的,可以在属性面板中选择"禁用"复选框来禁用该按钮。单选按钮可以在设计区域直接单击它,变为选中状态,也可以在属性面板中单击选中来进行设置,如图 8.34 和图 8.35 所示。

图 8.34　单选按钮部件　　　　图 8.35　单选按钮选中和禁用

12. 复选框

复选框常用来允许用户添加一个或多个选项。复选框的编辑和设置与单选按钮一致，但是不能像单选按钮一样指定单选按钮组。复选框只可以给文字更改样式，想要给复选框更改样式的话可以直接在动态面板中自定义复选框，如图8.36和图8.37所示。

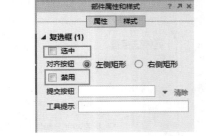

图8.36　复选框部件　　　　　　　　图8.37　复选框的选中和禁用

13. 提交按钮

HTML按钮是页面原型设计的提交按钮，格式取决于操作系统的浏览器。按钮的填充颜色、边框颜色等样式都被禁用了，生成原型后在浏览器中它会使用内建的样式。提交按钮无法设置交互样式，如选中时、鼠标悬停时等交互样式，如图8.38所示。

图8.38　提交按钮部件

14. 表格

表格部件用于在原型中添加表格元素。拖曳表格部件到设计区域，如果想要添加或删除行/列，可右击单元格，在弹出的菜单中进行编辑。表格中的单元格可以设置交互样式，如鼠标悬停时、鼠标按下时等。右击单元格，可以在部件属性面板中进行交互样式设置，如图8.39～图8.41所示。

图8.39　表格部件

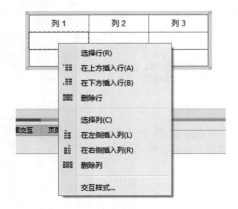

图8.40　表格列和行的添加　　　　　　图8.41　表格部件交互样式

15. 菜单

　　使用菜单部件可以在原型中跳转到不同页面,有水平菜单和垂直菜单两类。将菜单部件拖曳至设计区域,在右键菜单中可以进行菜单项的新增和删除,也可以新增子菜单。在工具栏或样式面板部分可以对菜单的样式进行设置,在属性面板部分可以添加菜单的交互,如图 8.42~图 8.47 所示。

图 8.42　菜单部件

图 8.43　水平菜单

图 8.44　垂直菜单

图 8.45　菜单项编辑

图 8.46　菜单样式编辑

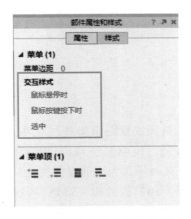

图 8.47　菜单交互样式编辑

8.2.3　线框图工作区

　　所有的部件都要在线框图工作区进行创建和编辑。在线框图工作区可以打开多个线框图页面,在 Tab 标签上会显示线框图的名称,拖曳 Tab 标签可以调整其左右顺序,如图 8.48 所示。Tab 下拉菜单中列出了当前打开的所有线框图,以方便快速查找想要的线框图,也可以在这个下拉列表中关闭当前线框图和所有线框图,如图 8.49 所示。

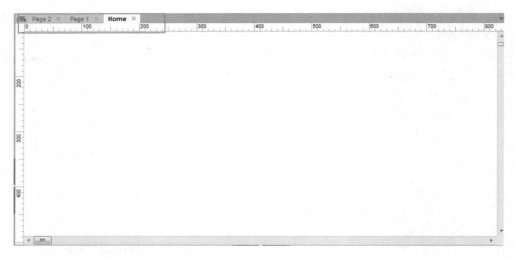

图 8.48　线框图工作区

图 8.49　线框图工作区标签关闭

8.2.4　页面属性面板

页面属性面板可以为当前的页面线框图添加备注说明、添加页面级交互和页面视觉样式。页面注释用于对页面和模板进行说明和注释,只要在备注区域输入文字即可;页面交互为页面或模板创建交互动作;页面样式为页面设置视觉样式属性。

页面注释中可以填写当前页面和模板的相关信息,如描述、进入点和退出点、页面的限制条件等。可以通过工具栏为页面注释中的文本添加样式,如修改颜色、加粗、斜体和下画线。如果要创建或重命名页面注释,可单击"自定义注释"链接,打开"页面注释字段"窗格,单击"+"按钮就可增加一个新的注释分类,如图 8.50 和图 8.51 所示。

页面交互可以让 UE 设计师控制 HTML 原型生成后的页面展现方式,节省了原型创建的时间。例如,不需要为用户登录前和登录后两个状态创建不同的页面,只需要创建一个带有动态面板的页面,让动态面板的两种状态分别对应用户登录前后即可,如图 8.52 所示。

页面样式只能用于页面线框图上,不能用于模板线框图和动态面板的状态线框图上。在页面样式中可以设置页面线框图的背景颜色、背景图、背景图的对齐方式等,可以将页面样式的属性保存为一种自定义样式组合,然后将其运用到其他页面上,从而节省重复定义的时间,如图 8.53 所示。

图 8.50　页面属性面板自定义注释

图 8.51　页面注释字段

图 8.52　页面交互编辑

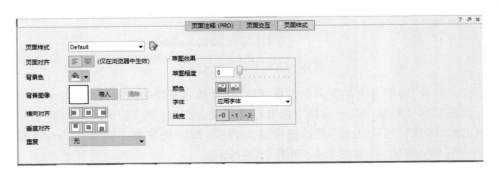

图 8.53　页面样式编辑

8.2.5 部件交互和注释面板

部件交互和注释面板会随着当前所选部件的不同而改变，且只有选中某一个部件的时候这个区域才会变得可用。选中一个部件后，可以在该区域通过"交互"选项卡和"注释"选项卡对部件进行行为和属性的定义，如图 8.54 所示。

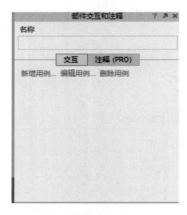

图 8.54 "部件交互和注释"面板

为部件添加一系列的交互行为可在"交互"选项卡中进行。对于不同的部件，可以创建的交互方式是不同的。如图 8.55 和图 8.56 所示，分别是图片和动态面板两个部件的交互动作，它们是不同的。不过每一个交互都是一个独立的单元，由事件、情景和动作三个要素组成。事件是每一个交互绑定的事件，如鼠标单击时；每个事件可以有一个或多个情景，而每个情景可以有一个或者多个动作。

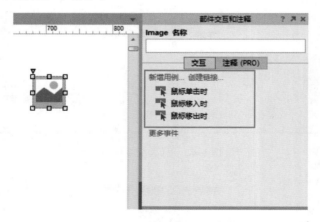

图 8.55 图片部件添加交互

部件的"注释"选项卡中包含多个注释字段，用于描述控件的相关属性。字段有文本型、列表型、数字型和日期型。对于注释字段可以自定义。在"注释"选项卡中单击"自定义"按钮，在弹出的"部件标注和设置"对话框中进行设置，添加的注释字段为 Text、选择列表、Number 和日期 4 种之一，如图 8.57 和图 8.58 所示。

图 8.56　动态面板添加交互

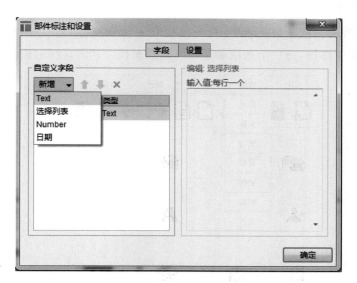

图 8.57　自定义部件注释

图 8.58　注释字段

8.3 Axure RP 设计实例

本实例所制作的原型是一个网页端的数据分析平台,用户可通过拖曳方式将代表数据的图标拖曳至处理面板,并对数据进行筛选处理。对于原型的设计更多侧重于交互,如拖曳、单击等。本节的设计实例也通过这样一个复杂交互的案例来对 Axure RP 的交互进行详细说明。

网页的原型需要交互的部分主要分为顶部菜单栏、快捷图标工具栏、图标栏和表单栏。用户从左侧的图标栏拖曳图标至中间的空白操作区,在表单栏中对图标进行筛选工作。平台整体原型如图 8.59 所示。

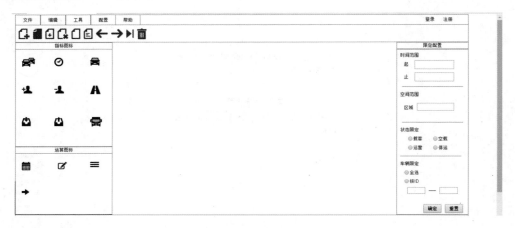

图 8.59 出租车大数据分析平台原型

8.3.1 顶部菜单栏

如图 8.60 所示,顶部菜单栏有"文件""编辑""工具""配置"和"帮助"5 个选项,在本原型中,没有使用菜单部件,每一个选项都是一个动态面板。其实这样的做法相对而言更为复

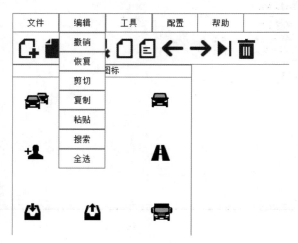

图 8.60 菜单栏

杂些,但是读者将对动态面板的交互和设置有更进一步的了解。每一个选项下都会有子菜单,如图8.61所示,每一个子菜单都是一个动态面板。在这个原型设计中,动态面板的交互和属性设置都被运用得淋漓尽致。此处以"文件"选项的设计为例进行说明,其他的菜单项都是如此。

图 8.61　文件按钮状态

在单击"文件"菜单项时,要出现"文件"下拉菜单,因此在设计中,"文件"下拉菜单动态面板应该是隐藏的,当单击时,"文件"下拉菜单动态面板才显示出来。因此,"文件"动态面板只有一个"单击"状态。添加交互效果如图8.62所示。为了使逻辑完整,除了显示"文件"下拉列表外,应该隐藏其他菜单项的下拉列表。

图 8.62　"文件"下拉列表交互编辑

在"文件"下拉列表动态面板中,分别有"新建""打开""保存""另存为""导出"和"退出"6个选项,每个选项都是一个矩形框,对每个选项都有交互设置,如"新建"选项,在单击时打开一个新的页面,具体设计如图8.63和图8.64所示。

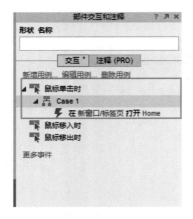

图 8.63 "新建"选项交互 1

图 8.64 "新建"选项交互 2

"退出"选项的交互设计如图8.65和图8.66所示。

"编辑""工具"等菜单选项的交互逻辑与"文件"选项一样,都只有一个"单击"状态,单击后显示该菜单项的下拉列表,再对下拉列表中的选项进行交互设置。

8.3.2 快捷图标工具栏

快捷图标工具栏主要是使用快捷图标的方式,让用户单击图标就可以进行操作,如"新

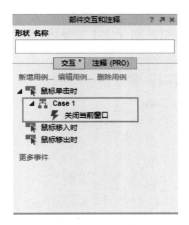

图 8.65　"退出"选项交互 1

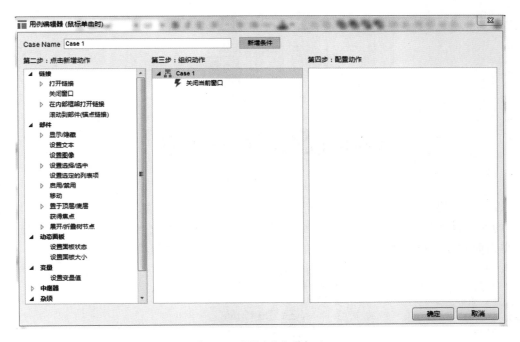

图 8.66　"退出"选项交互 2

建文件""保存文件"等，如图 8.67 和图 8.68 所示。

图 8.67　快捷工具栏原型 1

图 8.68　快捷工具栏原型 2

这个快捷图标工具栏是一个动态面板,如图 8.69 所示,只有"图标"一个状态,在该状态中,每一个快捷键都是一个图片部件,图片由本地导入,每个图片部件下面是一个隐藏的矩形部件,用于提示用户该图标是什么意思,如图 8.70 所示。

图 8.69 "快捷键"面板状态

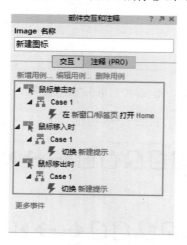

图 8.70 快捷工具栏面板

以"新建"快捷键为例,一共有三个交互时间:鼠标单击时,鼠标移入时和鼠标移出时。具体的交互设计如图 8.71～图 8.74 所示,其他几个快捷键的交互设计与"新建"快捷键一致,单击时触发相应的事件,鼠标悬停时显示提示,鼠标移出时隐藏提示。

图 8.71 "新建"图标交互 1

图 8.72 "新建"图标交互 2

图 8.73 鼠标移入交互

8.3.3 图标栏

在这个原型中,图标栏分为指标图标和运算图标,每一个图标都在一个动态面板中,该

图 8.74 鼠标移出交互

动态面板里还有与图标相关的一个菜单列表和图标含义提示框。当鼠标悬停在图标上时，当把图标拖动到中间白色区域时，右击图标会出现菜单列表，可以进行相关操作，原型效果如图 8.75 和图 8.76 所示。

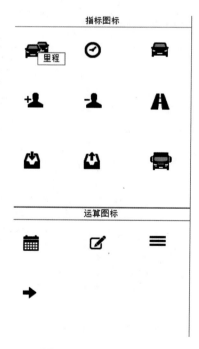

图 8.75 图标栏原型 1

图 8.76　图标栏原型 2

　　以"里程"图标为例,该动态面板只有一个状态,并且该状态下有一个下拉列表的动态面板,结构如图 8.77 所示。下拉列表的动态面板的状态是隐藏的,当右击时显示下拉列表。对于"里程"图片部件,交互设计如图 8.78～图 8.82 所示。其余的图标设计都与"里程"图标一致。

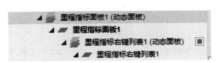

图 8.77　动态面板结构

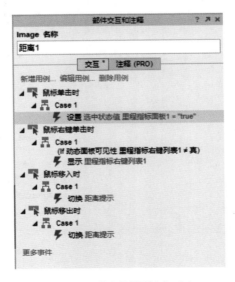

图 8.78　"里程"图标交互 1

图 8.79 "里程"图标交互 2

图 8.80 "里程"图标交互 3

图 8.81 "里程"图标交互 4

图 8.82 "里程"图标交互 5

　　"里程"图标的右击列表的选项,都是由矩形构成,每个选项根据内容不同进行不同的交互设计。以"限定配置"为例,其交互设计如图 8.83 和图 8.84 所示。

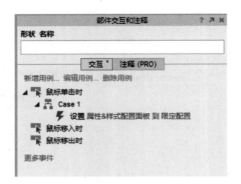

图 8.83 "限定配置"交互 1

图 8.84 "限定配置"交互 2

8.3.4 表单栏

表单栏部分是提供表单让用户填写数据筛选的条件,同时用户也可以在这个部分选择数据可视化的方式,如柱状图、散点图等。原型效果如图 8.85 所示。这个部分使用了一个动态面板,但是有三个状态,分别是"限定配置""语言查看"和"结果查看",如图 8.86 所示。

在限定配置中,状态限定的单选按钮都是可用状态,一旦选定一个,都会变成禁用状态,具体的交互设计如图 8.87 和图 8.88 所示。单击"确定"按钮的交互设计如图 8.89 和图 8.90 所示。

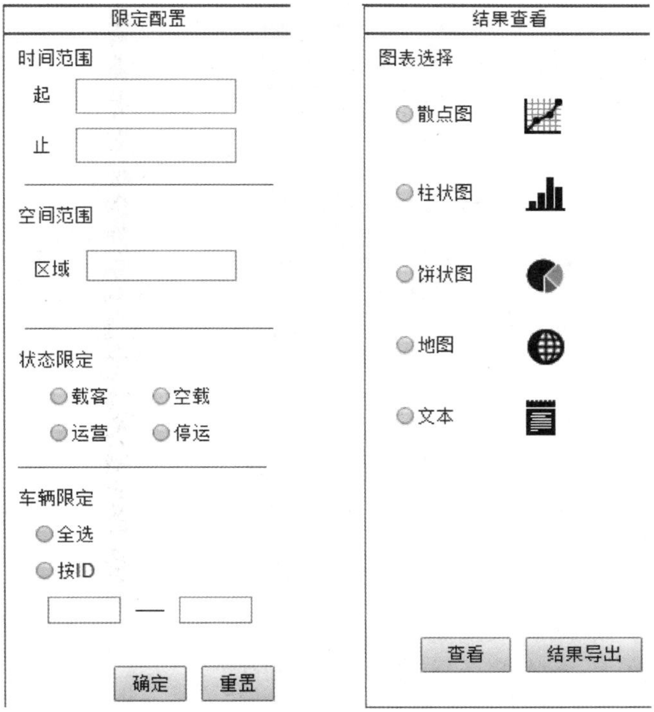

图 8.85　表单栏原型

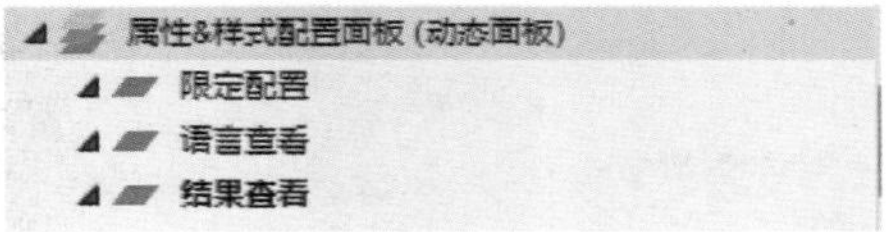

图 8.86　动态面板组织结构

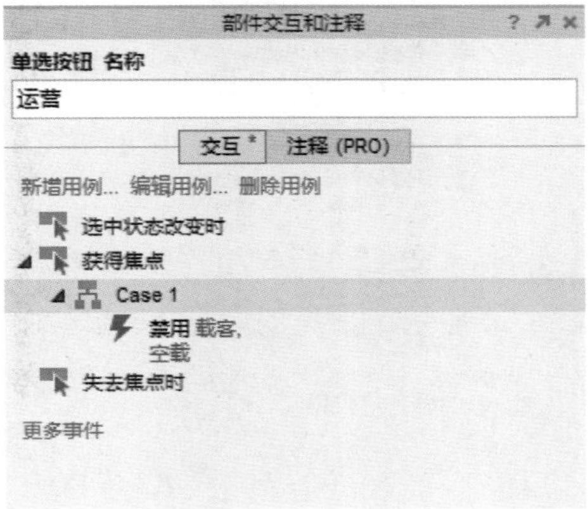

图 8.87　单选按钮交互 1

图 8.88　单选按钮交互 2

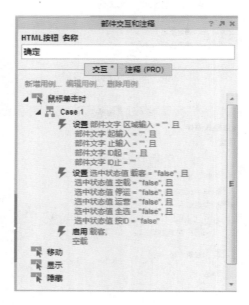

图 8.89　"确定"按钮交互 1

图 8.90 "确定"按钮交互 2

习　　题

1. Axure 的工作环境主要由哪几个部分组成？
2. 根据文中对 Axure 的介绍和设计实例，对二手交易平台进行网页端的原型设计。

9.1 窗　　口

窗口是用户界面中最重要的部分,是应用程序为使用数据而在用户界面中设置的基本
单元,它是屏幕上与一个应用程序相对应的矩形区域,使得应用程序和数据在窗口中实现一
体化。用户通过窗口与应用程序进行对话,每当用户开始运行一个应用程序时,应用程序就
创建并显示一个窗口,当用户操作窗口中的对象时,程序会做出相应的反应。用户通过关闭
一个窗口来终止一个程序的运行,通过选择相应的应用程序窗口来选择相应的应用程序。
如图 9.1 所示是"我的电脑"窗口;图 9.2 是"网易云音乐"窗口。

图 9.1　"我的电脑"窗口

无论是在 Windows 操作系统中还是在移动端,都是以窗口来区分各个程序的工作区域
的。对于窗口的设计而言,指的是对窗口布局的设计、窗口中图标的设计、窗口中按钮及菜
单栏的设计等。这些详细的窗口元素设计会在接下来的章节中讲到,菜单栏、按钮等元素放
置于窗口中,共同组成了一个应用程序的界面。

图 9.2 "网易云音乐"窗口

本节以一个为可触屏计算机设计的 Windows 窗口为例,具体讲解窗口是用户界面设计的基本单元,通过窗口实现应用程序和数据的一体化。窗口的具体实现使用了 C♯ 语言,开发工具为 Visio Studio 2010。

该界面是为一个混合现实系统设计的,是作者为学校的多媒体教学所设计,用户为老师。通过界面启动虚拟现实(Virtual Reality,VR)程序,并采用第三视角的方式输出视频,让观看视频的学生能够了解到戴上 VR 设备的老师的操作,达到良好的教学效果。

在程序启动后,出现"开始上课"界面,用于表示程序启动成功,单击"开始上课"按钮,进入 VR 程序选择主界面。具体的界面展示如图 9.3 所示。

图 9.3 "开始上课"界面

第9章 可视化设计与实现 ◀◀◀

“开始上课”界面由居中的“开始上课”按钮、下方的文字和右上角的“关闭”按钮组成，整体风格比较简洁。用户第一眼就能注意到“开始上课”按钮，符合人的认知过程。具体实现代码如图 9.4 和图 9.5 所示。课程加载界面如图 9.6 所示。

```
<Grid.Background>
        <ImageBrush ImageSource= "/Image/background.jpg">
        </ImageBrush>
    </Grid.Background>
    <Image Name="BeginClass1" HorizontalAlignment="Left" Height="427" Margin="466,115,0,0" VerticalAlignment="Top" Width="406"
    Source=".\Image\beginClass1.png" MouseLeftButtonDown="ready "/>
    <Image Name="BeginClass2" HorizontalAlignment="Left" Height="427" Margin="466,115,0,0" VerticalAlignment="Top" Width="406" Source=".\Image\beginClass2.png"
    Visibility="Hidden"/>
    <Image Name="ShutDown1" HorizontalAlignment="Left" Height="84" Margin="1237,32,0,0" VerticalAlignment="Top" Width="84" Source=".\Image\shutDown1.png"
    MouseLeftButtonDown="shutDown"/>
    <Image Name="ShutDown2" HorizontalAlignment="Left" Height="84" Margin="1237,32,0,0" VerticalAlignment="Top" Width="84" Source=".\Image\shutDown2.png"
    Visibility="Hidden"/>
    <Label Name="BeginLabel" Content="V I V E D U 颐 爱 通 - 多 媒 体 教 室 V R 化 解 决 方 案" HorizontalAlignment="Left" Height="65" Margin="200,677,0,0"
    VerticalAlignment="Top" Width="923" FontSize="36" Foreground="White"/>
    <Image Name="up1" HorizontalAlignment="Left" Height="77" Margin="0,0,0,0" VerticalAlignment="Top" Width="234" Source=".\Image\up1.png" MouseLeftButtonDown
    ="forePage" Visibility="Hidden"/>
    <Image Name="down" HorizontalAlignment="Left" Height="77" Margin="0,677,0,-334" VerticalAlignment="Top" Width="234" Source=".\Image\down.png"
    RenderTransformOrigin="0.521,-0.484"  MouseLeftButtonDown="nextPage" Visibility="Hidden"/>
    <Label Name="loadingTitle" Content="课 程 加 载 中, 请 耐 心 等 待" HorizontalAlignment="Left" Height="106" Margin="335,526,0,0" VerticalAlignment="Top"
    Width="721" FontSize="48" Foreground="White" Visibility="Hidden"/>
    <Label Name="mainpageTitle" Content="颐爱科技&amp;威爱科技联合打造—多媒体教室VR化教育解决方案" HorizontalAlignment="Left" Height="64" Margin="390,13,0,0"
    VerticalAlignment="Top" Width="733" FontSize="22" Foreground="White" Visibility="Hidden"/>
```

图 9.4　“开始上课”和“课程加载”布局代码

```
//开始上课
  public void ready(object sender, MouseButtonEventArgs e)
  {
      //MessageBox.Show("hhh");
      BeginClass1.Visibility = System.Windows.Visibility.Hidden;
     loadingTitle.Visibility = System.Windows.Visibility.Visible;
     System.Diagnostics.Process.Start(obsFile);
     Thread.Sleep(32000);
     this.Hide();
    Thread.Sleep(500);
     fullobs();
     Thread.Sleep(500);
     this.Show();
     this.Topmost = true;
    Thread.Sleep(1500);
     loadingTitle.Visibility = System.Windows.Visibility.Hidden;
     buidlist();
     buildNavList();
     createNav();
     buildHistoryList();
     showHistory();
     Nav.Visibility = System.Windows.Visibility.Visible;
     GamePage.Visibility = System.Windows.Visibility.Visible;
     mainpageTitle.Visibility = System.Windows.Visibility.Visible;
     BeginLabel.Visibility = System.Windows.Visibility.Hidden;
     down.Visibility = System.Windows.Visibility.Visible;

  }
```

图 9.5　“开始上课”后台代码

课程加载页面是在用户单击“开始上课”按钮后，更换到主页面的过渡界面，为了避免用户多次单击按钮而设计，充分考虑到了人机交互中人类的心理，从界面层面避免多次单击造成的程序异常。

如图 9.7 所示，主界面窗口主要由目录和方格形式排列的 VR 程序内容组成。整体的设计符合界面设计的一致性原则、简单可用原则，让用户对于界面的操作一目了然。每一个目录的条目都是一个按钮(Button)，方格形状的 VR 程序内容也是通过按钮来实现的。在 C#的布局中，分别将左侧目录和右侧的方格放入两个 Panel 中。具体实现代码如图 9.8～图 9.10 所示。

图 9.6　课程加载界面

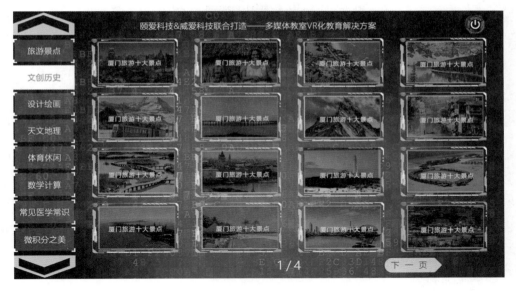

图 9.7　主界面窗口

　　如图 9.11 所示,单击主界面中的 VR 程序内容,页面跳转到内容简介界面。在内容简介界面中,左侧展示 VR 程序的画面和文字简介,右侧由两个按钮组成,分别是"启动内容"和"返回菜单"。

　　在整个混合现实应用界面的设计与实现过程中,所运用到的按钮、文本框、菜单等都布局在窗口中,用户在桌面上双击应用图标后直接进入应用程序窗口,通过窗口中的"开始上课"按钮、"关闭程序"图标等来与程序交流。窗口作为载体,承载了用户和程序对话的所有控件,是用户界面的基本单元。

```
//生成一级目录
    public void createNav()
    {
        foreach (string temp in navShow)
        {
            Button btn = new Button();
            ImageBrush br = new ImageBrush();
            br.ImageSource = new BitmapImage(new Uri(@"../../Image/fristnav.png", UriKind.RelativeOrAbsolute));
            btn.Background = br;
            btn.Name = temp;
            btn.Content = temp;
            btn.Foreground = new SolidColorBrush(Colors.White);
            btn.FontSize = 24;
            Thickness thick = new Thickness(0, 20, 9, 0);
            btn.Margin = thick;
            btn.Click += menu1_Click;
            Nav.Children.Add(btn);
        }
    }
```

图 9.8　导航代码 1

```
//生成二级菜单
    public void creatSenNav()
    {
        // MessageBox.Show(fl.fcontent);
        for (int i = 0; i < fl.slist.Count; i++)
        {
            secondList.Add(fl.slist[i].scontent.Trim());
            // MessageBox.Show(secondList[i]);
        }
        SenNav.Children.Clear();
        foreach (string temp in secondList)
        {
            Button btn = new Button();
            btn.Background = new SolidColorBrush(Colors.White);
            btn.Name = temp;
            btn.Content = temp;
            btn.Foreground = new SolidColorBrush(Colors.Black);
            btn.FontSize = 18;
            btn.Click += menu2_Click;
            SenNav.Children.Add(btn);
        }
        secondList.Clear();
    }  ... — . . . . .
```

图 9.9　导航代码 2

```
//生成游戏图框
    public void createGame()
    {
        GamePage.Children.Clear();
        foreach (gameLevel temp in gamelist)
        {
            Button gamebtn = new Button();
            ImageBrush br = new ImageBrush();
            //MessageBox.Show(temp.spic.Trim());
            br.ImageSource = new BitmapImage(new Uri(@temp.spic.Trim(), UriKind.RelativeOrAbsolute));
            gamebtn.Background = br;
            gamebtn.Content = temp.gname.Trim();
            gamebtn.Foreground = new SolidColorBrush(Colors.White);
            gamebtn.Name = temp.gname.Trim();
            Thickness thick = new Thickness(0, 30, 15, 0);
            gamebtn.Margin = thick;
            gamebtn.Click += gameBtn_Click;
            GamePage.Children.Add(gamebtn);
        }
    }
```

图 9.10　游戏列表代码

图 9.11　内容简介界面

9.2　菜　单　栏

菜单在界面设计中是经常使用的一种元素,包括 Windows 系统中的窗口、智能终端设备的应用界面等都会经常见到菜单。在对可视化窗口进行操作时,菜单确实提供了很大的方便。菜单栏实际上是一种树结构,为软件的大多数功能提供功能入口。单击以后,即可显示出菜单项。菜单栏是按照程序功能分组排列的按钮集合,一般在标题栏底下。如图 9.12 所示是 Microsoft Word 2010 的菜单栏,在标题栏的下方。

图 9.12　Word 菜单栏

一般来说,实用工具类应用程序都会有菜单栏,如 Photoshop、Microsoft PowerPoint、Visual Studio 等。在标题栏下方的菜单是下拉菜单,下拉菜单通常由主菜单栏、子菜单以及子菜单中的菜单项组成。除了下拉菜单外,右击部分应用程序也会出现菜单选项,如图 9.13 所示,这类菜单栏称为弹出式菜单,它的主菜单不显示,只显示子菜单。

图 9.13　弹出式菜单

对于菜单栏的设计,不建议超过三级菜单,在移动界面的设计中,通常使用菜单控件来简化界面,但是从另一方面来说,将应用程序的核心部分隐藏在菜单中,可能会对实际的使用产生负面影响。如图 9.14 所示,应用程序改版前使用了标签式菜单,改版后变成抽屉式菜单,把核心内容都折叠了进去,这样反而无法让用户感知到,结果便是菜单栏的使用频率下降。因此,如果菜单栏中的内容很重要,应尽量展开让用户看到,可以使用标签式菜单。如图 9.15 和图 9.16 所示,应用程序在改版前使用了汉堡式菜单,改版成标签式菜单后不仅菜

图 9.14　菜单栏改变对界面的影响 1

单栏的使用频次上升了,其他的重要指标也跟着增加了。由于移动设备的屏幕大小有限,不能把所有的东西都直接放置在界面上,这导致移动界面的设计变得具有挑战性。因此对于菜单栏的设计,应该考虑到界面内容的取舍,而界面内容的取舍要取决于对用户认知和需求的把握。

图 9.15　菜单栏改变对界面的影响 2

图 9.16　菜单栏改变对界面的影响 3

9.3 导 航 栏

导航栏是指位于界面顶部或者侧边区域的链接按钮列表,起着链接站点或软件内各个页面的作用。导航栏一般出现在网页和移动端用户界面上。如图9.17所示是淘宝网首页,界面的上方和右侧"主题市场"部分都属于导航栏。图9.18是爱奇艺首页。基本所有的Web界面都会有导航栏,以方便用户快速跳转到需要的功能页面中。在移动端用户界面中,一般导航栏都会放到最底部,如图9.19所示。图9.20是新浪微博手机客户端的界面,导航栏处于界面最底部,方便用户直接发微博,进行个人账号管理等。

对于现在的网页界面和移动手机界面来说,导航栏是必不可少的部分。对于界面的设计者而言,可以将页面之间的关系通过导航栏直观展示;对于界面的使用者来说,通过导航栏可以快速跳转到需要的页面上,减少对页面认知和学习的时间。

对于导航栏的设计,大部分以简洁大方为主,将网页或手机应用的核心功能链接放入其中。对于网页来说,导航栏的右侧一般都会放置"登录""注册"按钮,部分页面也会将搜索框放置在导航栏中。网页中的导航栏主要是为了方便用户浏览网站,快速查找到所需要的信息,导航可以设计得简洁,也可以设计得精美,但是任何一个网站的导航设计都应该满足以下三个目标。

(1)可以使用户在网站之间跳转。这里所指的网站之间的跳转并不是要求所有页面都链接在一起,而是指导航必须对用户的操作起到促进作用。

(2)传达链接链表之间的关系。导航通常按照类别区分,一个类别由一个链接组成。这些链接有什么共同点,有什么不同点,在设计时都要充分考虑到。

图9.17　淘宝网首页

图 9.18 爱奇艺首页

图 9.19 手机淘宝底部标签式导航

图 9.20　新浪微博底部标签式导航

（3）传达链接与当前页面的关系。导航设计必须传达出它的内容和当前浏览页面之间的关系，让用户清晰地知道其他链接选项对于这个正在浏览的页面有什么影响。这些传达出来的信息可以更好地帮助用户理解导航的分类和内容。

为了方便用户查看数据分析的可视化结果，导航栏的主要功能是将所有数据可视化页面的链接都放置其中，只要是进入页面的用户都可以直接查看数据分析的结果，不需要进行用户登录和注册等用户管理操作。所以基于这些需求，该页面的导航栏相对来说包含的内容较少，只要按照展示逻辑将页面链接整合进导航栏即可。

如图 9.21 所示是网页的导航栏设计。导航栏左侧是该页面的名称，右侧是 4 个按钮，分别是回到首页和三个主要数据可视化页面。具体的导航栏和页面效果如图 9.22～图 9.24 所示。

这个数据可视化网页的前端实现部分使用的是 Jade。Jade 是源于 Node.js 的 HTML 引擎，是一个高性能的模板引擎，用 JavaScript 实现。具体的导航栏实现代码如图 9.25 所示。

图 9.21　成都市功能区展示导航 1

图 9.22　成都市功能区展示导航 2

对于现在网页导航栏的实现来说,有很多现成的模板可以使用,比如 Bootstrap 的模板就会经常被使用到。在 Bootstrap 的文档中,有详细说明导航栏的实现方式。简单的导航栏可以使用如图 9.26 所示的模板。

图 9.23　成都市功能区展示导航 3

图 9.24　成都市功能区展示导航 4

　　较为复杂的导航栏可以使用如图 9.27 所示的模板，将文字和颜色根据 Bootstrap 给出的文档更改为自己需要的即可。对于导航栏的设计，可根据详细的用户需求，按照页面逻辑

```
body
    div(class='navibar')
        nav(class='navbar navbar-default')
            div(class='container-fluid')
                div(class='navbar-header')
                    a(class='navbar-brand' href='#')
                div(class='collapse navbar-collapse' id="bs-example-navbar-collapse-1")
                    ul(class="nav navbar-nav")
                        li
                            a 成都市功能区分析及展示平台
                    ul(class='nav navbar-nav navbar-right')
                        -if(title=='首页')
                            li(class='active')
                                a(href="/") 首页
                        -else
                            li
                                a(href="/") 首页

                        li(role='presentation' class='dropdown')
                            a(class='dropdown-toggle' data-toggle='dropdown' href='#' role='button' aria-haspopup='true' aria-expanded='false') 功能区展示
                                span(class='caret')
                            ul(class='dropdown-menu')
                                li
                                    a(href='/function_area/community') 居民区
                                li
                                    a(href='/function_area/commerce') 商业区
                                li
                                    a(href='/function_area/entertainment') 娱乐区

                        -if(title=='房价实例')
                            li(class='active')
                                a(href="/real_estate") 房价实例
                        -else
                            li
                                a(href="/real_estate") 房价实例

                        li(role='presentation' class='dropdown')
                            a(class='dropdown-toggle' data-toggle='dropdown' href='#' role='button' aria-haspopup='true' aria-expanded='false') 交通出行
                                span(class='caret')
                            ul(class='dropdown-menu')
                                li
                                    a(href='/OD/Weekday0') 工作日O
                                li
                                    a(href='/OD/WeekdayD') 工作日D
                                li
                                    a(href='/OD/Weekend0') 周末O
                                li
                                    a(href='/OD/WeekendD') 周末D
```

图 9.25　导航栏实现代码

图 9.26　Bootstrap 简单导航栏模板

整合链接列表,整体设计以简洁大气为主,色彩和风格符合页面设计风格。对于导航栏的实现,现在有很多实用的模板可以使用,按照需要使用即可,如图 9.27 和图 9.28 所示。

图 9.27　Bootstrap 复杂导航栏模板

```
<nav class="navbar navbar-default">
  <div class="container-fluid">
    <!-- Brand and toggle get grouped for better mobile display -->
    <div class="navbar-header">
      <button type="button" class="navbar-toggle collapsed" data-toggle="collapse" data-
target="#bs-example-navbar-collapse-1" aria-expanded="false">
        <span class="sr-only">Toggle navigation</span>
        <span class="icon-bar"></span>
        <span class="icon-bar"></span>
        <span class="icon-bar"></span>
      </button>
      <a class="navbar-brand" href="#">Brand</a>
    </div>

    <!-- Collect the nav links, forms, and other content for toggling -->
    <div class="collapse navbar-collapse" id="bs-example-navbar-collapse-1">
      <ul class="nav navbar-nav">
        <li class="active"><a href="#">Link <span class="sr-only">(current)</span></a></li>
        <li><a href="#">Link</a></li>
        <li class="dropdown">
          <a href="#" class="dropdown-toggle" data-toggle="dropdown" role="button" aria-
haspopup="true" aria-expanded="false">Dropdown <span class="caret"></span></a>
          <ul class="dropdown-menu">
            <li><a href="#">Action</a></li>
            <li><a href="#">Another action</a></li>
            <li><a href="#">Something else here</a></li>
            <li role="separator" class="divider"></li>
            <li><a href="#">Separated link</a></li>
            <li role="separator" class="divider"></li>
            <li><a href="#">One more separated link</a></li>
          </ul>
        </li>
      </ul>
      <form class="navbar-form navbar-left">
        <div class="form-group">
          <input type="text" class="form-control" placeholder="Search">
        </div>
        <button type="submit" class="btn btn-default">Submit</button>
      </form>
      <ul class="nav navbar-nav navbar-right">
        <li><a href="#">Link</a></li>
        <li class="dropdown">
          <a href="#" class="dropdown-toggle" data-toggle="dropdown" role="button" aria-
haspopup="true" aria-expanded="false">Dropdown <span class="caret"></span></a>
          <ul class="dropdown-menu">
            <li><a href="#">Action</a></li>
            <li><a href="#">Another action</a></li>
            <li><a href="#">Something else here</a></li>
            <li role="separator" class="divider"></li>
            <li><a href="#">Separated link</a></li>
          </ul>
        </li>
      </ul>
    </div><!-- /.navbar-collapse -->
  </div><!-- /.container-fluid -->
</nav>
```

图 9.28 Bootstrap 复杂导航栏模板代码

9.4 对 话 框

提起对话框,人们一般会想到聊天和发送信息的对话框,尤其是在现在这个交流成本极低的时代,微信、微博、淘宝等客户端都会有对话框,包括很多游戏也常常设计对话框,以方便玩家进行交流。但是在计算机领域中,对话框(Dialog)被普遍认为是一种次要窗口,包含按钮和各种选项,用户可以通过对话框完成特定的命令和任务。如图 9.29 所示是 Microsoft Word 中的"制表位"对话框,用户可通过对话框对制表位进行设定。

对话框看上去和窗口很相似,实际上和窗口有区别,窗口可以最大化、最小化,可以改变大小,但是对话框没有"最大化"按钮、"最小化"按钮,只有"关闭"按钮,大部分对话框都不能改变形状以及大小,只能移动。

对话框在很多实用类工具中很常见,如 Word、Photoshop 等,用户在对这类应用程序进行功能方面的设置时,都是通过对话框来实现的。在网页版当中,对话框也十分常见,常用来提醒用户的一些操作,如是否需要保存密码等。当然,在移动端的应用程序中,对话框也是常客,如询问用户是否确定删除条目,提示某操作非法等。因此,对话框的设计在整个用户界面设计当中是非常重要的。对话框的例子如图 9.30~图 9.33 所示。

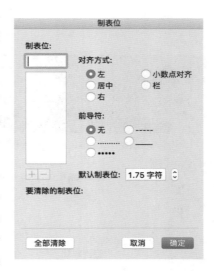

图 9.29 "制表位"对话框

图 9.30 keep 对话框

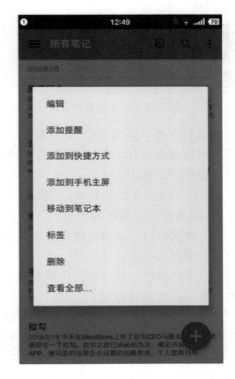

图 9.31 "印象笔记"对话框

第9章 可视化设计与实现

图 9.32　新浪微博对话框　　　　　　　　图 9.33　"喜马拉雅 FM"对话框

　　对话框就像一辆汽车的"紧急刹车"系统,它的出现会立刻中断用户的当前任务,因而不能轻视对话框的设计,一旦应用失误,就有可能让用户遭遇非计划内的破坏。以下几种情况都可以使用对话框。

　　(1)应用程序不能进行时。当某些严重错误发生,或者是无法让应用程序进行的条件发生时,应该弹出对话框警告用户。

　　(2)请求询问。如果应用程序在完成任务时需要用户的参与,那么可以弹出对话框来寻求用户的帮助。

　　(3)用户授权。在应用程序涉及用户隐私或者其他程序无法擅自决定任务时,可以出现对话框让用户确认授权。

　　对话框中的内容要值得打断应用程序工作才能弹出,否则频繁地弹出对话框会让用户产生疲惫感和厌倦感,用户体验不好会导致用户抛弃应用程序。

　　对话框的设计应该以简洁为主,对话框中显示的内容要简明扼要。对话框的出现已经打扰到用户了,如果内容太复杂,是非常影响用户体验的。可以在对话框的顶部将问题进行一个简要概括和描述,再将结果展示在内容区域,用确认按钮重申行为结果,如图 9.34 所示。一般而言,最好不要把操作按钮取名为"确定",因为用户不一定会逐字逐句把对话框中的文字看完,最后只会看到一个"确定"按钮,大部分用户会直接单击,但是有时候用户并不想确认某个操作,因此最好将按钮取名为直接的动作,例如"删除""授权"等。如果对话框提供超过一个以上的选项需要用户确定时,可以把期望用户选择的操作行为按钮设置为高亮显示,或使用突出的颜色来吸引用户的注意力,如图 9.35 所示。

图 9.34　对话框按钮的名称

图 9.35　将期望的选择高亮显示

9.5　控　　件

控件是组织界面的基本元素,像界面当中的按钮、滚动条、文本框、复选框,甚至包括前文提到的导航栏、菜单栏等都属于控件。从具体的属性而言,控件应该具有可接触和可改变状态两个基本特征。例如按钮,无论是网页界面中的按钮还是移动端界面中的按钮,对用户来说都是可以接触的,用鼠标或手指点击后可以改变界面状态。

控件作为界面的基本元素,按照功能划分,可以归为以下 5 类。

(1)触发操作类:如按钮、滚动条等,如图 9.36 和图 9.37 所示。

(2)数据录入类:如文本输入框、复选框等,如图 9.38 和图 9.39 所示。

(3)信息展示类:如进度条、加载器等,如图 9.40 所示。

(4)容器类:如选项卡等,如图 9.41 所示。

(5)导航类:如导航栏、分页器等。

图 9.36 按钮控件

图 9.37 滚动条控件

图 9.38 文本输入框控件

图 9.39 复选框控件

图 9.40 进度条控件

图 9.41 选项卡控件

本节主要从按钮、滚动条和文本输入框三个常用控件的设计与实现来看控件的设计和实现。

9.5.1 按钮的设计与实现

用户界面中的按钮设计应该具备简洁明了的图示效果，能够让使用者清楚辨识按钮功能。具体对于按钮的设计，可以参照以下几条规则。

（1）按钮风格要与应用程序品牌一致。

（2）按钮要与上下文内容相符合。按钮的设计风格除了要与品牌一致外，也要与该按钮周围的控件风格一致，让用户不会感觉到突兀。

（3）重要按钮做出强调。部分界面为了让整体看上去更加和谐，设计的按钮可能会不够显眼，不方便用户寻找，第一眼无法注目。在以优化用户体验为目标的基础上，重要内容的按钮要做出强调,利用色彩、高亮、大小、留白等方式来提高按钮的表现力,从而引导用户交互。

(4)次要的界面元素可以稍微削弱。这一点和第三点一致,为了让重要的按钮突出,可以将次要的界面元素稍微削弱。

(5)按钮的设计应该具有交互性。在设计按钮的时候,应该设计该按钮的3~6种状态效果,将不同的按钮效果应用在不同的按钮状态下。最基本的三种按钮状态效果分别为:按钮的默认状态、光标移至按钮上方单击时的状态、按钮被按下后的状态。

按钮是界面在视觉风格上最纯粹的表达方式,因为按钮把文字、色彩和图像三者紧密结合在一起,每一个设计者对于按钮的设计都有不同的看法和见解,但从用户角度出发,怎么也跳不出提高用户体验、增强用户的交互性这些方面。

对于按钮的实现,现在已经有很多模板可以直接使用,毕竟按钮是界面中必不可少的元素。以网页界面为例,Bootstrap 框架中提供了按钮的实现代码样例,如图 9.42 和图 9.43 所示。

图 9.42　Bootstrap 按钮模板 1

```
<div class="btn-toolbar" role="toolbar" aria-label="...">
  <div class="btn-group" role="group" aria-label="...">...</div>
  <div class="btn-group" role="group" aria-label="...">...</div>
  <div class="btn-group" role="group" aria-label="...">...</div>
</div>
```

图 9.43　Bootstrap 按钮模板 2

按钮的颜色和大小可以根据具体的实际需要进行更改。除了使用 Bootstrap 框架外,也可以直接使用 HTML+CSS+JavaScript 的方式对一个按钮进行实现。HTML 中按钮的实现就是一行代码,如图 9.44 所示。

图 9.44　HTML 按钮代码

效果如图 9.45 所示。

Click Me!

图 9.45　按钮效果

使用 CSS 对按钮的形状、颜色、大小进行修改和调整,如图 9.46 所示。

```
<style>
.button {
    background-color: #4CAF50;
    border: none;
    color: white;
    padding: 15px 32px;
    text-align: center;
    text-decoration: none;
    display: inline-block;
    font-size: 16px;
    margin: 4px 2px;
    cursor: pointer;
}
</style>
```

图 9.46　CSS 更改按钮样式代码

效果如图 9.47 所示。

图 9.47　按钮样式更改效果

对于单击按钮后的操作,可以直接使用 JavaScript 来编写,此处没有具体案例,不做详细介绍。

9.5.2　滚动条的设计与实现

滚动条主要是为了对软件固定大小的区域性空间中容量的变换进行设计,最常见最熟悉的是 Windows 的滚动条,如图 9.48 和图 9.49 所示。滚动条一般分为滚动框、滚动滑块和滚动箭头。在这个传统的滚动条基础上,有很多创新的设计,如 Mac OS X Lion 系统对于原生滚动条的改进,滚动条只有在执行滚动操作的时候才会出现,不会遮挡屏幕上的内容,并且将滚动箭头去掉了,如图 9.50 所示。

除了这类滚动条外,很多移动端应用程序为了方便用户查找信息而特意设计了字母表滚动条和时间轴滚动条等。

图 9.48　Windows 滚动条 1

图 9.49　Windows 滚动条 2

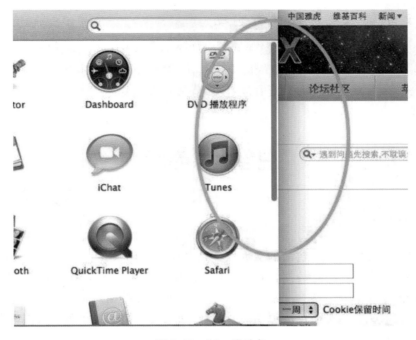

图 9.50　Mac 滚动条

　　滚动条的设计要尽量不影响用户对于界面的使用,不宜占用界面太多空间。可以使用系统自带的滚动条,也可以对系统自带的滚动条进行个性化修改。以网页界面的滚动条为例,可以使用 CSS 的 overflow 属性,如图 9.51 所示。

```
<style>
div.scroll
{
    background-color:#FFFFFF;
    width:100px;
    height:100px;
    overflow:scroll;
}

</style>
```

图 9.51　CSS 更改网页滚动条样式

效果如图 9.52 所示。

非常感谢大家
阅读《用户界
面设计》这本
书,这节展示
的滚动条的设

图 9.52　滚动条样式更改效果

9.5.3 文本输入框的设计与实现

文本输入框是用户界面设计中最常见的控件之一,在绝大多数场合用来让用户输入信息。无论是 PC 端、网页端还是移动端的应用程序,都需要借助文本输入框来获取信息(用户名、密码等),最直观的例子是打开百度首页,要通过搜索输入框来完成搜索信息的输入,如图 9.53 所示。

图 9.53　百度搜索文本输入框

在文本输入框的设计中,清晰的文本标签是必要的。用户在看见文本输入框时需要知道他们到底要输入什么样的数据,有些文本框需要用户输入特定格式的数据,如日期是xxxx-xx-xx 格式等,因此文本框的文本标签可以清晰地告诉用户输入什么信息,格式是什么样的。如图 9.54 所示是微信最顶端的文本框,使用"搜索"二字和图标提醒用户这个部分可以填写搜索的信息。

图 9.54　微信"搜索"输入框

文本标签应该以精简短小为主,以便用户能够快速看完并获得有用信息。如果有额外的信息,可以通过上下文或其他额外的帮助性说明来让用户了解,而不是将文本标签弄得很长,如图 9.55 所示。

图 9.55　文本标签尽量短小

当用户选中文本框准备输入信息时,需要把文本输入框做成焦点,提供清晰的视觉,如边框高亮等,提醒用户可以输入信息了。例如,淘宝和亚马逊的登录文本框,在单击准备输入时,边框都变成了高亮,如图 9.56 和图 9.57 所示。

图 9.56　淘宝准备输入时文本框边框高亮　　　　图 9.57　亚马逊准备输入时文本框边框高亮

　　对于文本框的实现以网页界面的文本框为例，使用 HTML 的 input 标签可以实现文本输入框，如图 9.58 所示。

　　效果如图 9.59 所示。

```
<form action="/demo/demo_form.asp">
用户名:<br>
<input type="text" name="name">
<br>
密码:<br>
<input type="text" name="password">
<br><br>
```

用户名:

密码:

图 9.58　HTML 文本输入框代码　　　　　　图 9.59　文本输入框效果

带有文本标签的文本输入框如图 9.60 所示。

```
<form action="/demo/demo_form.asp">
日期:<br>
<input type="text" name="date" placeholder="如 2017-01-03">
<br>
地点:<br>
<input type="text" name="place" placeholder="如 北京">
<br><br>
```

图 9.60　带有文本标签的文本输入框代码

效果如图 9.61 所示。

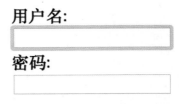

图 9.61　带有文本标签的文本输入框效果

　　除了直接使用 HTML 的 input 标签外，也有很多框架可以直接使用，Bootstrap 中就提供了网页文本输入框的样例和代码，如图 9.62 所示。

实例：

@	Username

Recipient's username	@example.com

$		.00

Your vanity URL

https://example.com/users/	

```html
<div class="input-group">
  <span class="input-group-addon" id="basic-addon1">@</span>
  <input type="text" class="form-control" placeholder="Username" aria-describedby="basic-addon1">
</div>

<div class="input-group">
  <input type="text" class="form-control" placeholder="Recipient's username" aria-describedby="basic-addon2">
  <span class="input-group-addon" id="basic-addon2">@example.com</span>
</div>

<div class="input-group">
  <span class="input-group-addon">$</span>
  <input type="text" class="form-control" aria-label="Amount (to the nearest dollar)">
  <span class="input-group-addon">.00</span>
</div>

<label for="basic-url">Your vanity URL</label>
<div class="input-group">
  <span class="input-group-addon" id="basic-addon3">https://example.com/users/</span>
  <input type="text" class="form-control" id="basic-url" aria-describedby="basic-addon3">
</div>
```

图 9.62　Bootstrap 文本输入框模板

9.6　布　　局

布局是用户界面设计中不可缺少的一环，合理的界面布局应该符合用户的使用习惯和浏览习惯，合理地引导用户的视线流。无论是对一个网页，还是移动端应用程序，清晰有效的界面布局可以让用户对界面的内容一目了然，快速了解内容的组织逻辑，从而大大提升整个界面的可阅读性和整体的视觉效果，提高产品的交互效率和信息的传递效率。

9.6.1　手机应用程序常用布局

由于手机的屏幕尺寸比较小，对于应用程序而言能展示的内容比计算机屏幕少得多，如果直接把所有内容放在一个屏幕内显示，会使界面变得混乱不堪。因此在手机应用程序中需要对信息进行有效组织，通过合理布局把信息展示给用户。常用的手机界面布局有列表式布局、陈列式布局、九宫格布局、导航式布局、多面板式布局、滑块式布局、图表式布局等。

列表式布局是最常用的手机界面布局之一，内容从上到下排列，视线流也是从上往下，浏览体验快捷，如图 9.63 所示。

图 9.63　列表布局

　　陈列式布局是把元素并列横向展示,布局比较灵活,可以平均分布,也可以根据内容的重要性做不规则分布,比较直观,如图 9.64 所示。

　　九宫格式布局是非常经典的设计,相比于陈列式布局,九宫格布局更加偏向于一行三列。九宫格是固定排列的陈列式。

　　导航式布局将并列的信息通过横向或竖向的导航来表现,导航一直存在,具有选中状态,可快速切换到另一个导航,直接展示重要内容的接口,减少界面跳转的层级,方便用户来回切换,如图 9.65 所示。

　　多面板式布局类似于竖屏排列的导航布局,可以展示更多的信息量,操作效率较高,适合分类和内容都比较多的情形。它的不足是界面比较拥挤,优点是可以让人对分类有整体性的了解,减少界面跳转的层级,如图 9.66 和图 9.67 所示。

　　滑块式布局重点在于展示一个对象,通过手势滑动按顺序查看更多的信息内容,页面内容整体性强,聚焦度高,线性的浏览方式有顺畅感、方向感。

　　图表式布局采用图表的方式直接展示信息内容,直观性强,多用于统计功能的应用程序。例如,支付宝账单统计、微博浏览统计等,如图 9.68 和图 9.69 所示。

133

图 9.64　陈列式布局

图 9.65　导航式布局

图 9.66　多面板式布局 1

图 9.67　多面板式布局 2

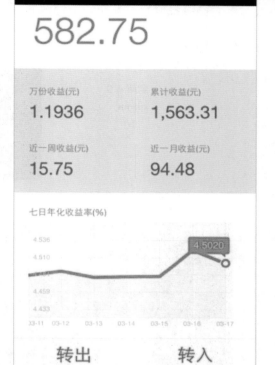

图 9.68　图表式布局 1　　　　　　　　　　图 9.69　图表式布局 2

9.6.2　网页界面常用布局

对于网页布局而言,不同类型的网站、不同类型的页面往往有固定的不同布局,这些布局符合用户的认知,在页面内容和视觉美观之间取得平衡。按照分栏方式的不同,网页布局模式可以分为一栏式布局、两栏式布局和三栏式布局。

一栏式布局的页面结构简单,视觉流程清晰,方便用户快速定位,但是由于页面的排版方式的限制,这种布局只适用于信息量少,目的比较集中或者相对独立的网站。采用一栏式布局的网站首页,其展示的信息集中,重点突出,通常会使用精美的图片或者绚丽的动画效果来吸引用户的眼球,实现强烈的视觉冲击效果,提升品牌效应。一栏式布局也常被使用在目的单一的网页上,例如,搜索引擎网站首页,登录、注册页面等,如图 9.70～图 9.73 所示。

两栏式布局是最常见的网页布局方式之一,根据其所占面积的比例不同,可以细分为左窄右宽、左宽右窄和左右均等三种类型。左窄右宽通常左侧是导航,右侧是网页的内容。用户的浏览习惯是从左到右,从上到下,这类布局更符合用户的操作流程,能够快速引导用户通过导航栏查找内容,使操作更加具有可控性,如图 9.74 所示。左宽右窄与左窄右宽相反,

图 9.70　Echarts 一栏式布局

图 9.71　百度地图开放平台一栏式布局

图 9.72　谷歌一栏式布局

淘宝网
Taobao.com
"登录页面"改进建议
天猫年货节
大牌新年礼
爆款年货折上折
马上去抢
扫码登录更安全
密码登录
会员名/邮箱/手机号
登 录
微博登录
支付宝登录
忘记密码 忘记会员名 免费注册

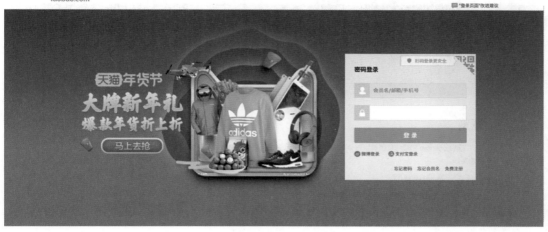

图 9.73　淘宝网一栏式布局

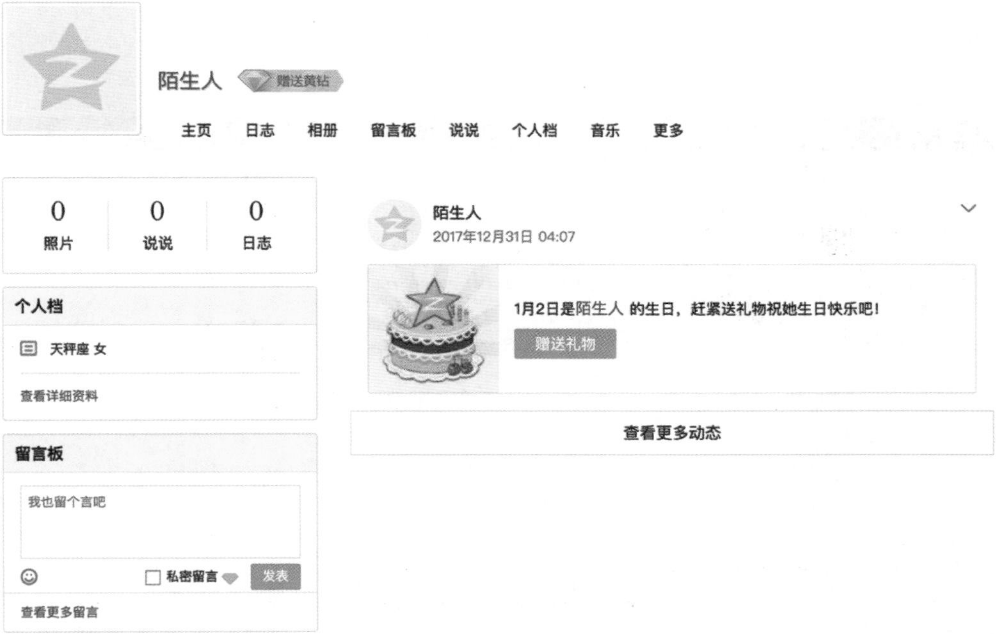

陌生人
赠送黄钻
主页 日志 相册 留言板 说说 个人档 音乐 更多
0 照片
0 说说
0 日志
个人档
天秤座 女
查看详细资料
留言板
我也留个言吧
私密留言
发表
查看更多留言
陌生人
2017年12月31日 04:07
1月2日是陌生人 的生日，赶紧送礼物祝她生日快乐吧！
赠送礼物
查看更多动态

图 9.74　左窄右宽布局

内容在左，导航在右。这种结构明显突出了内容的主导地位，引导用户把视觉焦点放在内容上，如图 9.75 和图 9.76 所示。左右均等是指左右两侧的比例相差较小，适用于两边信息的重要程度相对均等的情况，不体现主次，一般使用这种网页布局的网站较少，如图 9.77 和图 9.78 所示。

图 9.75　左宽右窄布局 1

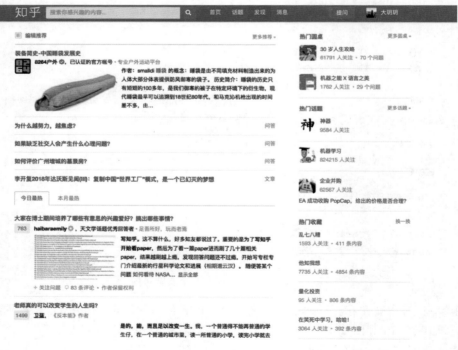

图 9.76　左宽右窄布局 2

图 9.77　左右均等布局 1

图 9.78　左右均等布局 2

　　三栏式布局对于内容的排版更加紧凑,可以更加充分地运用网站空间,尽量多地显示信息内容,增加信息的紧密性,这类布局方式常见于信息量非常丰富的网站。三栏式布局由于展示的内容量过多,会造成页面上信息的拥挤,用户很难找到需要的信息,增加了用户查找的时间,降低了用户对于网站内容的可控性,如图 9.79 和图 9.80 所示。

9.6.3　布局实现实例

　　本实例实现的是一个网页端的数据分析平台,用户可通过拖曳方式将代表数据的图标拖曳至处理面板,并对数据进行筛选处理。

　　该页面采用的是三栏式布局方式,如图 9.81 所示,左侧放置数据图标列表,中间部分是处理面板和报错面板,右侧放置数据筛选列表,采用文本输入框让用户自己输入筛选条件。

139

图 9.79　淘宝网三栏式布局

图 9.80　京东网三栏式布局

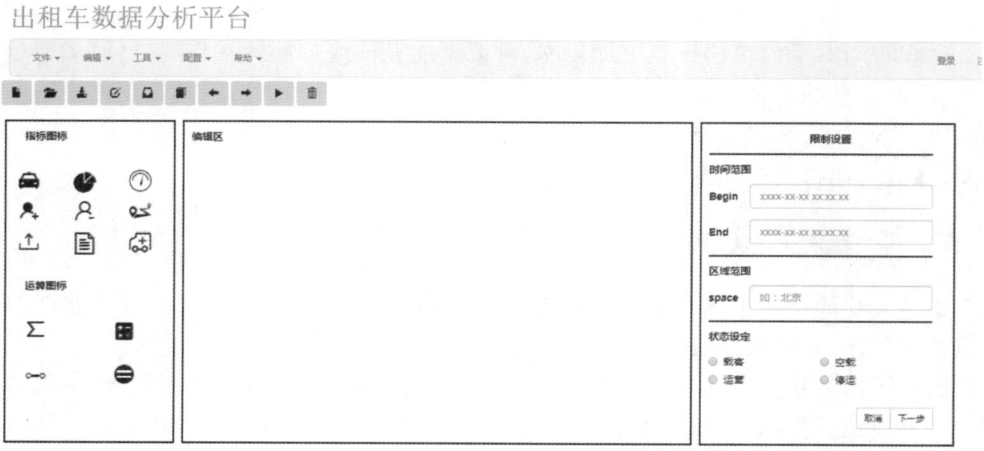

出租车数据分析平台

图 9.81　三栏式布局

通过这样的布局，用户进入页面后，根据从左至右、从上往下的浏览习惯，能迅速了解页面的功能，知道是从左侧图标栏中进行数据选择，拖曳至中间的面板，并在右侧的筛选栏中对数据进行筛选处理。

界面中用到的图标和框架全部来源于 Bootstrap 框架。

左侧数据图标布局代码如图 9.82 所示。

```
<div class="row">
    <div class="col-md-2">
        <div class="zhibiaotitle">指标图标</div>
        <div class="col-md-4" id="car"><span class="iconfont icon-che" id="cartu1"></span><span class="iconfont icon-che" id="cartu2"></span></div>
        <div class="col-md-4" id="time"><span class="iconfont icon-shijian"></span></div>
        <div class="col-md-4" id="speed"><span class="iconfont icon-suduspeed8" id=""></span></div>
        <div class="col-md-4" id="shangke"><span class="iconfont icon-weibiaoti3"></span></div>
        <div class="col-md-4" id="xiake"><span class="iconfont icon-jian"></span></div>
        <div class="col-md-4" id="trace"><span class="iconfont icon-guiji"></span></div>
        <div class="col-md-4" id="zaikepercent"><span class="iconfont icon-shangchuan"></span></div>
        <div class="col-md-4" id="kongzaipercent"><span class="iconfont icon-xiazai"></span></div>
        <div class="col-md-4" id="carcount"><span class="iconfont icon-cheliang"></span></div>
        <div class="yunsuantitle">运算图标</div>
        <div class="col-md-5" id="sum"><span class="iconfont icon-sum"></span></div>
        <div class="col-md-5" id="avg"><span class="iconfont icon-jisuanqi"></span></div>
        <div class="col-md-5" id="link"><span class="iconfont icon-lianjiexian"></span></div>
        <div class="col-md-5" id="equal"><span class="iconfont icon-dengyuhao"></span></div>
    </div>
```

图 9.82　图标布局代码

中间部分的布局代码如图 9.83 所示。

```
<div class="col-md-6" id="edit">
    <div class="edittitle">编辑区</div>
    <div id="menu" class="skin">
    <div class="menuitems">
        <li><a href="#" onclick="openfile()">数据导入</a></li>
    </div>
    <div class="menuitems">
        <li><a href="#" onclick="limitview1()">限制设定</a></li>
    </div>

    <div class="menuitems">
        <li><a href="#" onclick="langview()">语言查看</a></li>
    </div>
    <div class="menuitems">
        <li><a href="#" onclick="resultview()">结果查看</a></li>
    </div>
    <div class="menuitems">
        <li><a href="#" onclick="openfile()">结果导出</a></li>
    </div>
    <div class="menuitems">
        <li><a href="#" onclick="">复制</a></li>
    </div>
    <div class="menuitems">
     <li><a href="#" onclick="">剪切</a></li>
    </div>
    <div class="menuitems">
        <li><a href="#" onclick="">粘贴</a></li>
    </div>
    <div class="menuitems">
        <li><a href="#" id="deleteimg">删除</a></li>
    </div>
    </div>
</div>
```

图 9.83　中间部分布局代码

右侧的布局代码如图 9.84～图 9.86 所示。

141

```
<div class="col-md-3">
<div class="limit1" id="zhuyemian">
    <div class="shuxingtitle">限制设置</div>
    <div class="shijian">时间范围</div>
    <div class="timeinput">
    <form class="form-horizontal">
        <div class="form-group">
            <label for="inputEmail3" class="col-sm-2 control-label">Begin</label>
            <div class="col-sm-10">
                <input type="text" class="form-control" id="begin" placeholder="xxxx-xx-xx xx:xx:xx">
            </div>
        </div>

        <div class="form-group">
            <label for="inputPassword3" class="col-sm-2 control-label">End</label>
            <div class="col-sm-10">
                <input type="text" class="form-control" id="end" placeholder="xxxx-xx-xx xx:xx:xx">
            </div>
        </div>
    </form>
</div>
    <div class="kongjian">区域范围</div>
    <div class="kongjianinput">
    <form class="form-horizontal">
        <div class="form-group">
            <label for="inputEmail3" class="col-sm-2 control-label">space</label>
                <div class="col-sm-10">
                    <input type="text" class="form-control" id="space" placeholder="如：北京">
                </div>
        </div>
    </form>
</div>
    <div class="zhuangtai">状态设定</div>
    <div class="zhuangtaiselect">
        <div class="radio">
            <label class="col-sm-6" style="margin-bottom: 5px;">
                <input type="radio" name="optionsRadios" id="zaike" value="option1">
                    载客
            </label>
        </div>
```

图 9.84　右侧布局代码 1

```
    <div class="radio">
        <label class="col-sm-6" style="margin-bottom: 5px;">
            <input type="radio" name="optionsRadios" id="kongzai" value="option2">
                空载
        </label>
    </div>
    <div class="radio">
        <label class="col-sm-6">
            <input type="radio" name="optionsRadios" id="yunying" value="option2">
                运营
        </label>
    </div>
    <div class="radio">
        <label class="col-sm-6">
            <input type="radio" name="optionsRadios" id="tongyun" value="option2">
                停运
        </label>
    </div>
</div>
```

图 9.85　右侧布局代码 2

```
<div class="next">
    <div class="btn-group btn-group-sm" role="group" aria-label="...">
        <button type="button" class="btn btn-default" style="
            margin-top: 30px;
            margin-left: 200px;
            ">取消</button>
        <button type="button" class="btn btn-default" onclick="limitview2()" style="
            margin-top: 30px;
            ">下一步</button>
    </div>
</div>
</div>
```

图 9.86　右侧布局代码 3

习　题

1. 应用程序为使用数据而在用户界面中设置的基本单元是什么?
2. 通过右击出现的菜单叫什么菜单?
3. 对于网站导航栏的设计,需要满足什么目标?
4. 对话框和窗口有什么区别?
5. 在什么情况下可以使用对话框?
6. 组织界面的基本元素是什么?
7. 移动端常用到的布局有哪些?
8. 页面常用到的布局有哪些?

第 10 章　界面设计综合应用实例

本章分别以 Web 端和手机端的程序为例,从软件工程的角度来看整个界面设计流程。界面设计从需求分析出发,功能需求通过界面直接展现给用户;在准确获取和了解用户需求后,对需求进行建模,完善需求文档,根据需求划分界面模块,确定界面的交互逻辑和主题风格,进行原型设计,最后根据原型设计实现整个界面。

10.1　出租车大数据分析平台 Web 端页面

10.1.1　需求分析和建模

出租车大数据分析平台界面主要给用户提供可视化的计算界面和可视化的数据分析结果。数据分析员是界面的主要用户,在总体需求中,分为用户信息和界面交互两个方面。其中,用户信息包含用户登录、注册两个用例,界面交互包含计算交互、文件保存、图表分析三个用例。总体需求的用例图如图 10.1 所示。

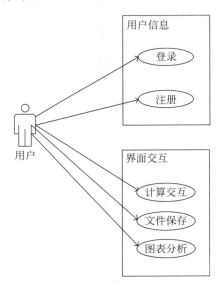

图 10.1　总体需求用例图

在总体需求的基础上,页面的主要用例在界面交互部分,计算交互、文件保存、图表分析三个用例是界面的核心,包含并扩展了一些功能和用例。详细需求用例如图 10.2 所示。

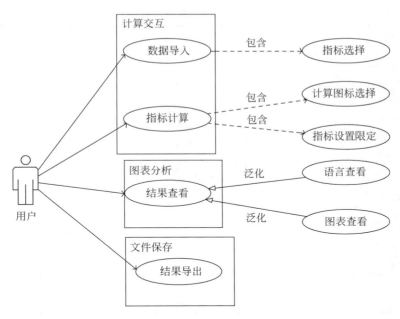

图 10.2　详细需求用例图

从用例图中可以看出,除了登录、注册两个用例未列出,该页面主要包含数据导入、指标计算、结果查看、结果导出等用例。每个用例的详细用例说明如表 10.1～表 10.9 所示。

表 10.1　数据导入用例说明

描 述 项	说 明
用例	数据导入
用例描述	用户将要处理的数据导入页面系统中
参与者	用户
前置条件	用户已选择要计算的指标图标
后置条件	如果这个用例成功,系统后台会生成关于该指标的一个实例
基本操作流程	(1) 用户拖动要计算的指标图标到编辑区; (2) 用户右击该图标; (3) 用户单击"数据导入"; (4) 用户选择符合系统格式的数据文件
可选操作流程	(1) 用户选择的数据文件不符合系统要求; (2) 根据错误提示重新进行数据导入操作; (3) 用户选择的指标图标错误; (4) 用户右击图标; (5) 用户单击"删除"
被泛化用例	无
被包含用例	指标选择
被扩展用例	无

表 10.2　指标选择用例说明

描　述　项	说　　　明
用例	指标选择
用例描述	用户将要计算的指标图标拖曳至编辑区
参与者	用户
前置条件	无
后置条件	如果这个用例成功,系统会自动生成一个
基本操作流程	(1) 用户单击要计算的指标图标; (2) 用户拖曳该图标至编辑区
可选操作流程	(1) 用户选择的指标图标错误; (2) 用户右击图标; (3) 用户单击"删除"
被泛化用例	无
被包含用例	无
被扩展用例	无

表 10.3　指标计算用例说明

描　述　项	说　　　明
用例	指标计算
用例描述	用户对所指定的指标进行计算
参与者	用户
前置条件	对指标的计算范围进行限定,并选定计算方式
后置条件	如果这个用例成功,系统后台会对指标进行相关计算
基本操作流程	(1) 用户将要计算的指标图标拖曳至编辑区; (2) 用户右击指标图标; (3) 用户单击"限定设置"; (4) 用户对该指标进行相关限定; (5) 用户单击"运行"按钮进行限定计算; (6) 用户拖曳"连接"图标至编辑区; (7) 用户拖曳要计算的指标图标至编辑区; (8) 用户单击工具栏中的"运行"图标
可选操作流程	(1) 用户选择的图标错误; (2) 用户右击图标; (3) 用户单击"删除"; (4) 用户操作错误; (5) 错误提示栏提示错误信息; (6) 用户限定不合格; (7) 错误提示栏提示错误信息
被泛化用例	无
被包含用例	计算图标选择、指标设置限定
被扩展用例	无

表 10.4　计算图标选择用例说明

描　述　项	说　　明
用例	计算图标选择
用例描述	用户将要进行计算的图标拖动至编辑区
参与者	用户
前置条件	编辑区有指标图标和连接图标
后置条件	如果这个用例成功,系统后台会对指标进行相关计算
基本操作流程	(1) 用户将要计算的指标图标拖曳至编辑区; (2) 用户右击指标图标; (3) 用户单击"限定设置"; (4) 用户对该指标进行相关限定; (5) 用户单击"运行"按钮进行限定计算; (6) 用户拖曳"连接"图标至编辑区; (7) 用户拖曳要计算的指标图标至编辑区
可选操作流程	(1) 用户选择图标错误; (2) 用户右击图标; (3) 用户单击"删除"; (4) 用户操作错误; (5) 错误提示栏提示错误信息
被泛化用例	无
被包含用例	无
被扩展用例	无

表 10.5　指标设置限定用例说明

描　述　项	说　　明
用例	指标设置限定
用例描述	用户对指标进行条件筛选
参与者	用户
前置条件	用户指定限定指标
后置条件	如果这个用例成功,系统会自动生成限定语言
基本操作流程	(1) 用户将要计算的指标图标拖曳至编辑区; (2) 用户右击指标图标; (3) 用户单击"限定设置"; (4) 用户对该指标进行相关限定
可选操作流程	(1) 用户选择的图标错误; (2) 用户右击图标; (3) 用户单击"删除"; (4) 用户限定语法错误; (5) 错误提示栏提示错误信息; (6) 用户单击"重置"修改限定
被泛化用例	无
被包含用例	无
被扩展用例	无

表 10.6　结果查看用例说明

描　述　项	说　　明
用例	结果查看
用例描述	用户对指标计算结果进行查看
参与者	用户
前置条件	用户导入了数据或对指标进行了限定或计算
后置条件	如果这个用例成功,系统将会向用户提供可视化数据计算结果
基本操作流程	(1) 用户右击计算好的指标图标; (2) 用户单击"结果查看"或"语言查看"
可选操作流程	无
被泛化用例	语言查看、图表查看
被包含用例	无
被扩展用例	无

表 10.7　语言查看用例说明

描　述　项	说　　明
用例	语言查看
用例描述	用户对指标限定结果进行语言查看
参与者	用户
前置条件	用户对指标进行了限定
后置条件	如果这个用例成功,用户会看到限定集合语言
基本操作流程	(1) 用户右击已经过限定计算的指标图标; (2) 用户单击"语言查看"
可选操作流程	无
被泛化用例	无
被包含用例	无
被扩展用例	无

表 10.8　图表查看用例说明

描　述　项	说　　明
用例	图表查看
用例描述	用户对指标计算结果进行可视化图表查看
参与者	用户
前置条件	用户对指标进行了限定和计算
后置条件	如果这个用例成功,用户会看到计算结果中的图表表示
基本操作流程	(1) 用户右击已经过计算的指标图标; (2) 用户单击"结果查看"; (3) 用户选择需要查看的图表类型; (4) 用户单击"查看"按钮
可选操作流程	无
被泛化用例	无
被包含用例	无
被扩展用例	无

表 10.9　结果导出用例说明

描　述　项	说　　明
用例	结果导出
用例描述	用户对指标计算结果进行结果导出
参与者	用户
前置条件	用户对指标进行了限定和计算
后置条件	如果这个用例成功,计算结果保存到指定路径
基本操作流程	(1)用户右击已经过计算的指标图标; (2)用户单击"结果导出"
可选操作流程	无
被泛化用例	无
被包含用例	文件类型选择
被扩展用例	无

10.1.2　功能模块划分

出租车大数据分析平台的主要功能是提供可视化的数据分析和数据结果展示。在这两大功能的基础上,增添更多的功能,如数据导入、限定设置等。用户使用该页面导入数据,对数据进行分析,然后查看结果。该界面将实现的功能流程图如图 10.3 所示。

用户打开该页面,从指标图标栏里选择要进行运算的图标,将其拖曳至编辑区,右击图标进行数据导入。若数据格式错误,错误提示栏会弹出错误提示。右击图标,对导入的数据进行限定设置,如限定日期、空间粒度等。限定设置结束后可以对限定语言进行查看,也可将目前的限定语言导出。用户可接着从运算图标栏选择运算图标继续对数据进行运算。当运算结束后,可以右击结果查看图标进行查看,最后也可将结果导出,结束这次数据分析。以上就是整个页面的基本流程。

按照以上的业务需求和流程图,可将出租车大数据分析平台 Web 端界面分成 5 个主要功能模块,如图 10.4 所示。

(1)首页模块:主要是将页面的架构搭建出来,在导航栏的"文件"下拉列表中,可实现新建页面和关闭页面功能。

(2)工具模块:工具模块是规划在首页里的工具栏,包括指标图标栏、运算图标栏、错误栏和属性配置栏,体现出页面主要由这几部分组成。

(3)用户信息模块:包括登录和注册两个部分。

(4)计算操作模块:这是页面的核心模块之一,包括图标操作、限定设置和语言生成三个部分。其中,图标操作又包括对指标图标和运算图标的粘贴、剪切、复制、拖曳、删除等,语言生成包括查看和导出。

(5)结果展示模块:这也是页面的核心模块之一,包括图表生成和结果导出。其中,结果导出是指将最后分析出来的数据导出成文本文件,或是将生成的图表、地图热点图导出。

根据功能模块图,页面的实现将根据功能模块来逐一实现,达到最后实现整个页面的目的。

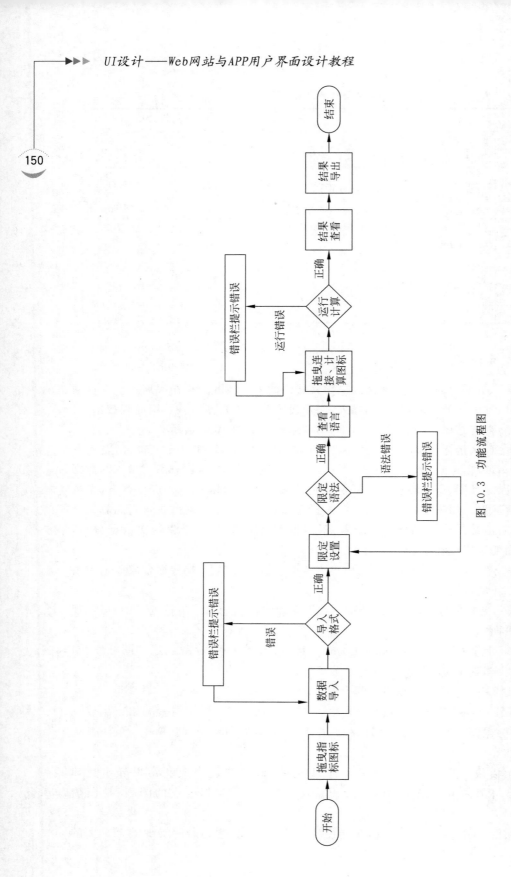

图10.3 功能流程图

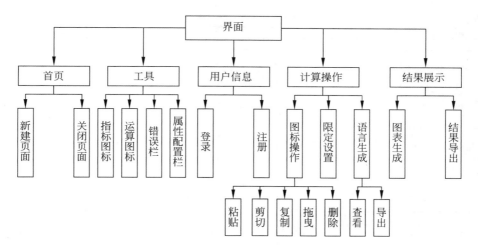

图 10.4　界面功能模块图

10.1.3　界面结构

出租车大数据分析平台页面需要给数据分析员提供可视化的数据分析过程和可视化的数据分析结果，以方便数据分析员做分析。基于这个需求，页面在对于数据分析过程可视化方面将采用图标代表运算指标的方式，对指标图标进行选择，拖曳至编辑区，再进行相应的运算。页面基本架构设计如图 10.5 所示。

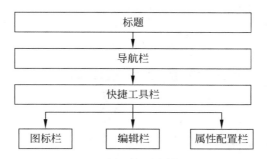

图 10.5　界面架构图

从上到下该页面依次由标题、导航栏、快捷工具栏、图标栏、编辑栏和属性配置栏组成。其中，标题就是"出租车大数据分析平台"；导航栏包括文件、编辑、工具、帮助等下拉框；快捷工具栏包括新建、粘贴、复制等基本功能的快捷图标；图标栏放置代表运算指标的图标（如里程指标、时间指标等）和代表运算的运算符号图标（如加号、减号等）；编辑栏便于用户编辑图标，进行数据分析和运算；属性编辑栏可以对所选的图标进行限定；在属性编辑栏同样的位置处还有语言查看和结果查看两个编辑栏，其中，语言查看是查看对数据进行限定后的限定集合语言，也可对语言进行导出，在结果查看这块，用户可根据自己的需要选择柱状图、折线图等来查看计算结果，也可将结果导出。在对图标进行运算操作时，如果有操作错误，页面会弹出一个错误提示栏来显示错误信息，便于用户更改错误。

根据页面的基本架构设计图，可将页面设计成如图 10.6 所示。

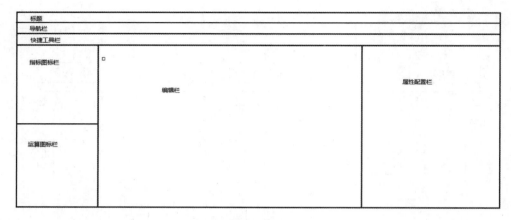

图 10.6　界面布局架构

根据页面架构的设计,页面就采用这种布局方式,根据这个布局来确定每一个模块所放置的内容。

10.1.4　界面实现

在编码阶段,页面的主要搭建选择 HTML＋CSS＋JavaScript 的组合进行编码,其中,框架采用了 Bootstrap 的部分,如导航栏、文本框等。在图标的选用方面,放弃了 Bootstrap 提供的图标,采用了阿里 Iconfont 矢量图标库里的图标。由于出租车大数据分析平台的后台目前还没有跟上前端,所以在数据导入功能模块没有返回值,关于数据计算这一块前端仅提供了部分数据接口。在结果展示功能上,没有具体数据可运用,展示的是直接写入前端的数据。具体实现的效果如图 10.7～图 10.11 所示。

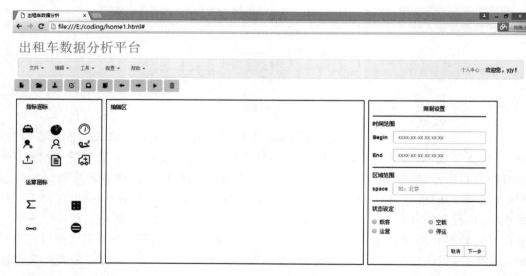

图 10.7　界面效果 1

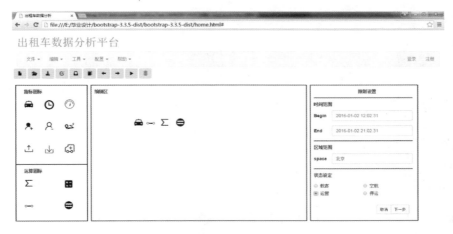

图 10.8　界面效果 2

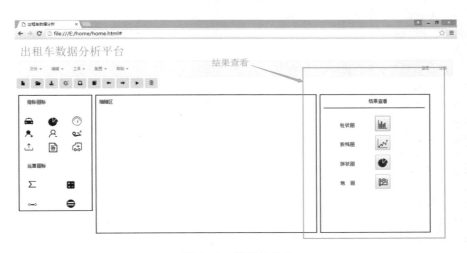

图 10.9　界面效果 3

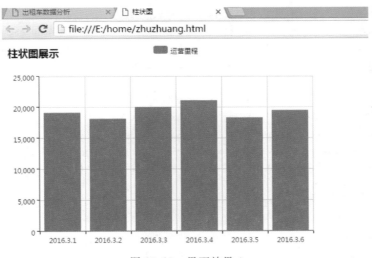

图 10.10　界面效果 4

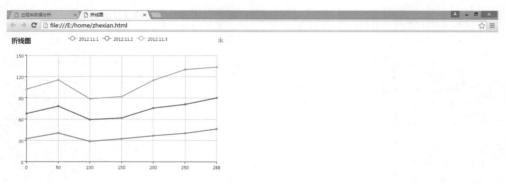

图 10.11　界面效果 5

具体的实现代码在后面直接给出了，这一段代码是主界面布局的 HTML 文件。

```
<!DOCTYPE html>
<!-- 引入需要的文件 -->
<html lang = "en">
<head>
  <title>出租车数据分析</title>
  <meta charset = "utf-8">
  <meta name = "viewport" content = "width = device-width, initial-scale = 1">
  <meta http-equiv = "content-type" content = "text/html; charset = gbk">
  <script src = "http://api.51ditu.com/js/ajax.js"></script>
  <script src = "/jquery/jquery-1.11.1.min.js"></script>
  <link rel = "stylesheet" href = "http://apps.bdimg.com/libs/bootstrap/3.3.0/css/bootstrap.
min.css">
  <link rel = "stylesheet" type = "text/css" href = "http://at.alicdn.com/t/font_1458971997_
6398604.css">
  <link rel = "stylesheet" type = "text/css" href = "http://at.alicdn.com/t/font_1463555157_
891927.css">
  <link href = "http://www.imooc.com/data/jquery.contextmenu.css" rel = "stylesheet" type =
"text/css" />
  <script src = "http://apps.bdimg.com/libs/jquery/2.1.1/jquery.min.js"></script>
  <script src = "http://apps.bdimg.com/libs/bootstrap/3.3.0/js/bootstrap.min.js"></script>
        <script src = "http://www.imooc.com/data/jquery-1.8.2.min.js" type = "text/javascript">
</script>
        <script src = "http://www.imooc.com/data/jquery-ui-1.9.2.min.js" type = "text/
javascript"></script>
  <script src = "home.js"></script>
  <link rel = "stylesheet" href = "demo.css">
    <link rel = "stylesheet" href = "iconfont.css">
</head>
<div class = "container-fluid">
<!-- 头部 -->
<style type = "text/css">
    .btn-group{ margin: -2px;}
```

```
        h1{color: #2aabd2;
            font - weight:bond;
            font - family: "新宋体";
        }
    </style>
<h1>出租车数据分析平台</h1>
<nav class = "navbar navbar - default">
        <!--文件导航-->
        <div class = "collapse navbar - collapse" id = "bs - example - navbar - collapse - 1">
            <ul class = "nav navbar - nav">
                <li class = "file">
                    <a href = "#" class = "file - toggle" data - toggle = "dropdown" role =
"button" aria - haspopup = "true" aria - expanded = "false">文件<span class = "caret"></span>
</a>
                    <ul class = "dropdown - menu">
                        <li><a href = "#" onclick = "newfile()">新建</a></li>
                        <li><a href = "#" onclick = "openfile()">打开</a></li>
                        <li><a href = "#" onclick = "savefile()">保存</a></li>
                        <li><a href = "#" onclick = "saveother()">另存为</a></li>
                        <li><a href = "#" onclick = "put()">导出</a></li>
                    </ul>
                </li>
            </ul>
</script>
                <!--编辑导航-->
                <ul class = "nav navbar - nav">
                    <li class = "editor">
                        <a href = "#" class = "editor - toggle" data - toggle = "dropdown" role =
"button" aria - haspopup = "true" aria - expanded = "false">编辑<span class = "caret"></span>
</a>
                        <ul class = "dropdown - menu">
                            <li><a href = "#" onclick = "undo()">撤销</a></li>
                            <li><a href = "#" onclick = "recover()">恢复</a></li>
                            <li><a href = "#" onclick = "cut()">剪切</a></li>
                            <li><a href = "#" onclick = "copy()">复制</a></li>
                            <li><a href = "#" onclick = "paste()">粘贴</a></li>
                            <li><a href = "#" onclick = "search()">搜索</a></li>
                            <li><a href = "#" onclick = "selectall()">全选</a></li>
                        </ul>
                    </li>
                </ul>
                <!--工具导航-->
                <ul class = "nav navbar - nav">
                    <li class = "tool">
                        <a href = "#" class = "tool - toggle" data - toggle = "dropdown" role =
```

第10章　界面设计综合应用实例

```
"button" aria－haspopup＝"true" aria－expanded＝"false">工具＜span class＝"caret">＜/span>
＜/a>
                            ＜ul class＝"dropdown－menu">
                                ＜li>＜a href＝"＃" onclick＝"dataimg()">数据图标＜/a>＜/li>
                                ＜li>＜a href＝"＃" onclick＝"calimg()">运算图标＜/a>＜/li>
                                ＜li>＜a href＝"＃" onclick＝"errorimg()">错误提示栏＜/a>＜/li>
                                ＜li>＜a href＝"＃" onclick＝"propertyimg()">属性配置栏＜/a>＜/li>
                            ＜/ul>
                    ＜/li>
                ＜/ul>
                ＜!－－配置导航－－>
                ＜ul class＝"nav navbar－nav">
                ＜li class＝"allocation">
                    ＜a href＝"＃" class＝"allocation－toggle" data－toggle＝"dropdown" role＝
"button" aria－haspopup＝"true" aria－expanded＝"false">配置＜span class＝"caret">＜/span>
＜/a>
                            ＜ul class＝"dropdown－menu">
                                ＜li>＜a href＝"＃" onclick＝"run()">运行＜/a>＜/li>
                                ＜li>＜a href＝"＃" onclick＝"select()">筛选＜/a>＜/li>
                                ＜li>＜a href＝"＃" onclick＝"add()">添加＜/a>＜/li>
                                ＜li>＜a href＝"＃" onclick＝"deleteimg()">删除＜/a>＜/li>
                            ＜/ul>
                ＜/li>
                ＜/ul>
                ＜!－－帮助导航－－>
                ＜ul class＝"nav navbar－nav">
                ＜li class＝"help">
                        ＜a href＝"＃" class＝"help－toggle" data－toggle＝"dropdown" role＝
"button" aria－haspopup＝"true" aria－expanded＝"false">帮助＜span class＝"caret">＜/span>
＜/a>
                            ＜ul class＝"dropdown－menu">
                                ＜li>＜a href＝"＃" onclick＝"use()">使用简介＜/a>＜/li>
                                ＜li>＜a href＝"＃" onclick＝"consult()">咨询＜/a>＜/li>
                            ＜/ul>
                ＜/li>
                ＜/ul>
                ＜ul class＝"nav navbar－nav navbar－right">
                    ＜li>＜a href＝"login.html">登录＜/a>＜/li>
                    ＜li>＜a href＝"register.html">注册＜/a>＜/li>
                    ＜/li>
                ＜/ul>
            ＜/div>＜!－－/.navbar－collapse－－>
        ＜/div>＜!－－/.container－fluid－－>
＜/nav>
＜style type＝"text/css">
```

```css
.img{
    margin-top: -15px;
    margin-left: 5px;
    }
</style>
```
```html
<!--图标按钮布局-->
<div class="img">
<button type="button" class="btn btn-new" aria-label="Left Align">
    <span class="glyphicon glyphicon-file" aria-hidden="true"></span>
</button>
<button type="button" class="btn btn-open" aria-label="Left Align">
    <span class="glyphicon glyphicon-folder-open" aria-hidden="true"></span>
</button>
<button type="button" class="btn btn-open" aria-label="Left Align">
    <span class="glyphicon glyphicon-download-alt" aria-hidden="true"></span>
</button>
    <button type="button" class="btn btn-open" aria-label="Left Align">
        <span class="glyphicon glyphicon-edit" aria-hidden="true"></span>
    </button>
    <button type="button" class="btn btn-open" aria-label="Left Align">
        <span class="glyphicon glyphicon-inbox" aria-hidden="true"></span>
    </button>
    <button type="button" class="btn btn-open" aria-label="Left Align">
        <span class="glyphicon glyphicon-book" aria-hidden="true"></span>
    </button>
    <button type="button" class="btn btn-open" aria-label="Left Align">
        <span class="glyphicon glyphicon-arrow-left" aria-hidden="true"></span>
    </button>
    <button type="button" class="btn btn-open" aria-label="Left Align">
        <span class="glyphicon glyphicon-arrow-right" aria-hidden="true"></span>
    </button>
    <button type="button" class="btn btn-open" aria-label="Left Align">
        <span class="glyphicon glyphicon-play" aria-hidden="true"></span>
    </button>
    <button type="button" class="btn btn-open" aria-label="Left Align">
        <span class="glyphicon glyphicon-trash" aria-hidden="true"></span>
    </button>
</div>
<!--中间部分 CSS 配置-->
<style type="text/css">
    .iconfont:before{
    font-size: 30px;
    }
    li{list-style-type: none;
        }
```

第10章 界面设计综合应用实例 ◀◀◀

```
.col - md - 2{
    margin - left: 10px;
    margin - top: 20px;
    padding - right: 0px;
    padding - left: 0px;
    padding - top: 10px;
    border - style: solid;
    border - width: 2px;
}
    .zhibiaotitle{
    font - weight: bold;
    margin - bottom: 30px;
    padding - left: 25px;
}

.col - md - 6{
    margin - left: 10px;
    margin - top: 20px;
    margin - right: 10px;
    padding - left: 10px;
    padding - top: 10px;
    height: 446px;
    border - style: solid;
    border - width: 2px;
}
.edittitle{
    font - weight: bold;
    margin - bottom: 10px;
}
.col - md - 3{
    margin - top: 20px;
    padding - left: 10px;
    padding - top: 10px;
    height: 446px;
    border - style: solid;
    border - width: 2px;
}
.shuxingtitle{
    font - weight: bold;
    margin - bottom: 10px;
    padding - left: 25px;
    text - align: center;
    border - bottom - style: solid;
    border - bottom - width: 2px;
    padding - bottom: 10px;
```

```
        }
        .yunsuantitle{
            font - weight: bold;
            margin - bottom: 30px;
            padding - left: 25px;
        }


        .shijian{
            font - weight: bold;
        }
        .timeinput{
            margin - top: 10px;
            border - bottom - style: solid;
            border - bottom - width: 2px;
            margin - bottom: 10px;
        }
        .kongjian{
            font - weight: bold;
        }
        .kongjianinput{
            margin - top: 10px;
            border - bottom - style: solid;
            border - bottom - width: 2px;
            margin - bottom: 10px;
        }
        .zhuangtai{
            font - weight: bold;
        }


        .zhuangtaiselect{
            margin - top: 20px;
        }
        # car{
            cursor:pointer;
        }
        # time{
            cursor:pointer;
        }
        # speed{
            cursor:pointer;
        }
        # shangke{
            cursor:pointer;
        }
```

```
#xiake{
    cursor:pointer;
}
#trace{
    cursor:pointer;
}
#zaikepercent{
    margin-bottom: 30px;
    cursor:pointer;
}
#kongzaipercent{
    margin-bottom: 30px;
    cursor:pointer;
}
#carcount{
    margin-bottom: 30px;
    cursor:pointer;
}
#sum{
    margin-left: 10px;
    margin-right: 25px;
    margin-bottom: 20px;
    cursor:pointer;
}
#link{
    margin-right: 25px;
    margin-left: 10px;
    margin-bottom: 72px;
    cursor:pointer;
}
#avg{
    margin-bottom: 20px;
    cursor:pointer;
}
#equal{
    cursor:pointer;
    margin-bottom: 72px;
}
.skin {
    width : 100px;
    border : 1px solid gray;
    padding : 2px;
    visibility : hidden;
    position : absolute;
}
```

```
        div.menuitems {
            margin : 1px 0;
        }
        div.menuitems a {
            text - decoration : none;
        }
        div.menuitems:hover {
            background - color : #c0c0c0;
        }
        #cartu1{
            position: absolute;
        }
        #cartu2{
            position: relative;
        }
    </style>
<div class = "container - fluid">
    <div class = "row">
        <div class = "col - md - 2">
            <div class = "zhibiaotitle">指标图标</div>
            <div class = "col - md - 4" id = "car"><span class = "iconfont icon - che" id =
"cartu1"></span><span class = "iconfont icon - che" id = "cartu2"></span></div>
            <div class = "col - md - 4" id = "time"><span class = "iconfont icon - shijian">
</span></div>
            <div class = "col - md - 4" id = "speed"><span class = "iconfont icon - suduspeed8"
id></span></div>
             <div class = "col - md - 4" id = "shangke"><span class = "iconfont icon -
weibiaoti3"></span></div>
            <div class = "col - md - 4" id = "xiake"><span class = "iconfont icon - jian">
</span></div>
            <div class = "col - md - 4" id = "trace"><span class = "iconfont icon - guiji">
</span></div>
            <div class = "col - md - 4" id = "zaikepercent"><span class = "iconfont icon -
shangchuan"></span></div>
            <div class = "col - md - 4" id = "kongzaipercent"><span class = "iconfont icon -
xiazai"></span></div>
             <div class = "col - md - 4" id = "carcount"><span class = "iconfont icon -
cheliang"></span></div>
        <div class = "yunsuantitle">运算图标</div>
            <div class = "col - md - 5" id = "sum"><span class = "iconfont icon - sum"></span>
</div>
            <div class = "col - md - 5" id = "avg"><span class = "iconfont icon - jisuanqi">
</span></div>
            <div class = "col - md - 5" id = "link"><span class = "iconfont icon - lianjiexian">
</span></div>
```

161

```
            < div class = "col – md – 5" id = "equal" >< span class = "iconfont icon – dengyuhao" >
</span ></div >
            </div >

    < div class = "col – md – 6" id = "edit" >
        < div class = "edittitle" >编辑区</div >
         < div id = "menu" class = "skin" >
        < div class = "menuitems" >
            < li >< a href = " # " onclick = "openfile()" >数据导入</a ></li >
        </div >
        < div class = "menuitems" >
            < li >< a href = " # " onclick = "limitview1()" >限制设定</a ></li >
        </div >

        < div class = "menuitems" >
            < li >< a href = " # " onclick = "langview()" >语言查看</a ></li >
        </div >
        < div class = "menuitems" >
            < li >< a href = " # " onclick = "resultview()" >结果查看</a ></li >
        </div >
        < div class = "menuitems" >
            < li >< a href = " # " onclick = "openfile()" >结果导出</a ></li >
        </div >
        < div class = "menuitems" >
            < li >< a href = " # " onclick = "" >复制</a ></li >
        </div >
        < div class = "menuitems" >
          < li >< a href = " # " onclick = "" >剪切</a ></li >
        </div >
        < div class = "menuitems" >
            < li >< a href = " # " onclick = "" >粘贴</a ></li >
        </div >
        < div class = "menuitems" >
            < li >< a href = " # " id = "deleteimg" >删除</a ></li >
        </div >
    </div >
    </div >
    < div class = "col – md – 3" >
    < div class = "limit1" id = "zhuyemian" >
        < div class = "shuxingtitle" >限制设置</div >
        < div class = "shijian" >时间范围</div >
        < div class = "timeinput" >
        < form class = "form – horizontal" >
            < div class = "form – group" >
                < label for = "inputEmail3" class = "col – sm – 2 control – label" > Begin </label >
```

```
                      < div class = "col - sm - 10">
                              < input type = " text" class = " form - control" id = " begin"
placeholder = "xxxx - xx - xx xx:xx:xx">
                      </div >
                  </div >

              < div class = "form - group">
                  < label for = " inputPassword3" class = "col - sm - 2 control - label"> End
</label >
                      < div class = "col - sm - 10">
                              < input type = " text" class = " form - control" id = " end"
placeholder = "xxxx - xx - xx xx:xx:xx">
                      </div >
                  </div >
          </form >
      </div >
          < div class = "kongjian">区域范围</div >
          < div class = "kongjianinput">
              < form class = " form - horizontal">
                  < div class = "form - group">
                      < label for = " inputEmail3" class = "col - sm - 2 control - label"> space
</label >
                          < div class = "col - sm - 10">
                                  < input type = "text" class = " form - control" id = " space"
placeholder = "如:北京">
                          </div >
                      </div >
                  </form >
          </div >
          < div class = "zhuangtai">状态设定</div >
          < div class = "zhuangtaiselect">
              < div class = "radio">
                  < label class = "col - sm - 6" style = "margin - bottom: 5px;">
                      < input type = " radio" name = " optionsRadios" id = " zaike" value =
"option1">
                          载客
                      </label >

              </div >
              < div class = "radio">
                  < label class = "col - sm - 6" style = "margin - bottom: 5px;">
                      < input type = " radio" name = " optionsRadios" id = " kongzai" value =
"option2">
                          空载
                      </label >
```

第10章　界面设计综合应用实例 ◀◀◀

```
            </div>
            <div class = "radio">
                <label class = "col - sm - 6">
                    <input type = "radio" name = "optionsRadios" id = "yunying" value =
"option2">
                        运营
                </label>
            </div>
            <div class = "radio">
                <label class = "col - sm - 6">
                    <input type = "radio" name = "optionsRadios" id = "tingyun" value =
"option2">
                        停运
                </label>
            </div>

        </div>

    <div class = "next">
        <div class = "btn - group btn - group - sm" role = "group" aria - label = "...">
            <button type = "button" class = "btn btn - default" style = "
                margin - top: 30px;
                margin - left: 200px;
                ">取消</button>
              <button type = "button" class = "btn btn - default" onclick = "limitview2()"
                style = "margin - top: 30px;" >
                    下一步</button>
        </div>
    </div>
    </div>
    <div class = "ll" id = "l_l">
    <div class = "limit2" id = "carid">
        <div class = "shuxingtitle">限制设置</div>
        <div class = "cheliang">车辆范围</div>
        <form class = "form - horizontal">
            <div class = "carinput">
                <label for = "inputEmail3" class = "col - sm - 2 control - label">ID</label>
    <div class = "col - sm - 10">
      <input type = "email" class = "form - control" id = "inputEmail3" placeholder = "如:京
PP0P68">
        <input type = "text" class = "form - control" id = "space" placeholder = "如:北京">
    </div>
    </div>
```

```html
< div class = "form - group">

    < div class = "checkbox">
       < label id = "allselect">
          < input type = "checkbox"> 全选
       </label>
    </div>
  </div>

</form>
   < div class = "next">
       < div class = "btn - group btn - group - sm" role = "group" aria - label = "..." id =
"limit2btn">
          < button type = "button" class = "btn btn - default" onclick = "limitview1()" style =
             "margin - left: 140px">
             上一步</button>
          < button type = "button" class = "btn btn - default" onclick = "generate()" style = "">

             确定</button>    
             < a id = "result" href = "data:application/" download = "wang.txt">语言导出</a>
       </div>

       </div>
    </div>
   < div class = "lr" id = "l_r">
    < div class = "langview" id = "yuyancheck">
       < div class = "yuyantitle">语言查看</div>

   < div class = "next">
       < div class = "btn - group btn - group - sm" role = "group" aria - label = "...">
          < button type = "button" class = "btn btn - default" onclick = "limitview1()" style = "
             margin - top: 30px;
             margin - left: 200px;
             ">返回</button>
          < button type = "button" class = "btn btn - default" onclick = "put()" style = "
             margin - top: 30px;
             ">语言导出</button>
       </div>
    </div>
 </div>
   < div class = "result" id = "resultcheck">
    < div class = "resulttitle">结果查看</div>
       < div id = "zhuzhuangtu">
          < label id = "shuoming">柱状图</label>
```

165

```html
            < button type = "button" id = "tu" onclick = "zhuzhuang()">< span class = " iconfont
icon - zhuzhuangtu"></ span ></ button >
         </ div >
         < div id = "zhexiantu">
             < label id = "shuoming">折线图</ label >
             < button type = "button" id = "tu" onclick = "zhexian()">< span class = " iconfont
icon - iconfontcolor58"></ span ></ button >
         </ div >
         < div id = "bingzhuangtu">
             < label id = "shuoming">饼状图</ label >
             < button type = "button" id = "tu" onclick = "bingzhuang()">< span class = " iconfont
icon - bingzhuangtu"></ span ></ button >
         </ div >
          < div id = "ditu">
             < label id = "shuoming">地     图</ label >
             < button type = "button" id = "tu" onclick = "ditu()">< span class = " iconfont icon
- ditu"></ span ></ button >
         </ div >
      </ div >
   </ div >
   </ div >
</ div >
</ div >
<!—限制筛选部分样式配置 -->
 < style type = "text/css">
 # allselect{
   margin - left: 35px;
   margin - top: 20px;
   font - weight: bold;
 }
 # limit2btn{
   margin - top: 170px;
 }
 . cheliang{
           font - weight: bold;
           margin - bottom: 20px;
       }
   . limit2{
       visibility : hidden;
        position: absolute;
   }
   . limit1{

       position: absolute;
   }
```

```css
.yuyantitle{
        font-weight: bold;
        margin-bottom: 10px;
        padding-left: 25px;
        text-align: center;
        border-bottom-style: solid;
        border-bottom-width: 2px;
        padding-bottom: 10px;
    }
.langview{
    visibility: hidden;
    position: absolute;

}
.result{
    visibility: hidden;
    position: relative;
}
.resulttitle{
    font-weight: bold;
        margin-bottom: 10px;
        padding-left: 25px;
        text-align: center;
        border-bottom-style: solid;
        border-bottom-width: 2px;
        padding-bottom: 10px;
}
#shuoming{
        margin-left: 50px;
        margin-right: 40px;
        margin-top: 20px;
        font-size: 15px;
}
#tu{
        margin-top: 15px;
        margin-left: 20px;
}
  </style>
 </div>
</html>
```

以下代码是主界面 JS 文件。

```javascript
//新建窗口
function newfile()
{
```

```
        window.open('home.html');
    }
    //打开文件
    function openfile()
    {
        var inputObj = document.createElement('input')
        inputObj.setAttribute('id','_ef');
        inputObj.setAttribute('type','file');
        inputObj.setAttribute("style",'visibility:hidden');
        document.body.appendChild(inputObj);
        inputObj.click();
        inputObj.value ;
    }
    //另存为
    function saveother()
    {
        var inputObj = document.createElement('input')
        inputObj.setAttribute('id','_ef');
        inputObj.setAttribute('type','file');
        inputObj.setAttribute("style",'visibility:hidden');
        document.body.appendChild(inputObj);
        inputObj.click();
        inputObj.value ;
    }
    //导出
    function put()
    {
        var inputObj = document.createElement('input')
        inputObj.setAttribute('id','_ef');
        inputObj.setAttribute('type','file');
        inputObj.setAttribute("style",'visibility:hidden');
        document.body.appendChild(inputObj);
        inputObj.click();
        inputObj.value ;
    }
    function test() {
        alert('里程指标');
    }
    //图标拖曳
    $ (function () {
        $ ("#cartu2").draggable({containment:""});
        $ ("#time2").draggable({containment:""});
        $ ("#speed2").draggable({containment:""});
        $ ("#shangke2").draggable({containment:""});
        $ ("#xiake2").draggable({containment:""});
```

```
    $("#trace2").draggable({containment:""});
    $("#zaikepercent2").draggable({containment:""});
    $("#kongzaipercent2").draggable({containment:""});
    $("#carcount2").draggable({containment:""});
    $("#sum2").draggable({containment:""});
    $("#avg2").draggable({containment:""});
    $("#link2").draggable({containment:""});
    $("#equal2").draggable({containment:""});
});
//右击
window.onload = function() {

    var container = document.getElementById('edit');
    var menu = document.getElementById('menu');

    /* 显示菜单 */
    function showMenu() {

        var evt = window.event || arguments[0];

        /* 获取当前鼠标右键单击后的位置,据此定义菜单显示的位置 */
        var rightedge = container.clientWidth - evt.clientX;
        var bottomedge = container.clientHeight - evt.clientY;

        /* 如果从鼠标位置到容器右边的空间小于菜单的宽度,就定位菜单的左坐标(Left)为当前
鼠标位置向左一个菜单宽度 */
        if (rightedge < menu.offsetWidth)
            menu.style.left = container.scrollLeft + evt.clientX - menu.offsetWidth + "px";
        else
        /* 否则,就定位菜单的左坐标为当前鼠标位置 */
            menu.style.left = container.scrollLeft + evt.clientX + "px";

        /* 如果从鼠标位置到容器下边的空间小于菜单的高度,就定位菜单的上坐标(Top)为当前
鼠标位置向上一个菜单高度 */
        if (bottomedge < menu.offsetHeight)
            menu.style.top = container.scrollTop + evt.clientY - menu.offsetHeight + "px";
        else
        /* 否则,就定位菜单的上坐标为当前鼠标位置 */
            menu.style.top = container.scrollTop + evt.clientY + "px";

        /* 设置菜单可见 */
        menu.style.visibility = "visible";
        LTEvent.addListener(menu,"contextmenu",LTEvent.cancelBubble);
    }
    /* 隐藏菜单 */
```

```
    function hideMenu() {
        menu.style.visibility = 'hidden';
    }
    LTEvent.addListener(container,"contextmenu",LTEvent.cancelBubble);
    LTEvent.addListener(container,"contextmenu",showMenu);
    LTEvent.addListener(document,"click",hideMenu);
}
//切换限制

function limitview1(){
    zhuyemian.style.visibility = "visible";
    yuyancheck.style.visibility = "hidden";
    resultcheck.style.visibility = "hidden";
}


function langview(){
    yuyancheck.style.visibility = "visible";
    zhuyemian.style.visibility = "hidden";
    resultcheck.style.visibility = "hidden";
}
function resultview(){
    resultcheck.style.visibility = "visible";
    yuyancheck.style.visibility = "hidden";
    zhuyemian.style.visibility = "hidden";
}
//登录
function sign(){
    window.location.href = "login.html";
}
//注册
function login(){
    window.location.href = "register.html";
}
//柱状图
function zhuzhuang()
{
    window.open("zhuzhuang.html");
}
//饼状图
function bingzhuang()
{
    window.open("bingzhuang.html");
}
//折线图
function zhexian(){
```

```javascript
window.open("zhexian.html");}
//地图
function ditu()
{
    window.open("ditu.html");
}
function qiehuan(){
        window.location.href = "home1.html";
}
function cartishi(){
    alert("里程指标");
}
function timetishi(){
    alert("时间指标");
}
function speedtishi()
{
    alert("速度指标");
}
function shangketishi(){
    alert("上客量");
}
function xiaketishi(){
    alert("下客量");
}
function tracetishi(){
    alert("轨迹数");
}
function sumtishi(){
    alert("求和");
}
function avgtishi(){
    alert("求平均");
}
function linktishi(){
    alert("连接符");
}
function equaltishi(){
    alert("结果是");
}
function jisuan(){
    alert("计算完成");
}

function generate(){
    var begin = document.getElementById("begin").value;
    var end = document.getElementById("end").value;
    var space = document.getElementById("space").value;
    var status = document.getElementById("status").value;
    var car_ID = document.getElementById("car_ID").value;
     var result = document.getElementById("result");
            result.href = "data:application/octet - stream," + "@TimeRange tr = " + begin +
" - " + end + " " + "@Limit1 = " + " " + "{" + " " + "TimeLimit = tr" + " " + "SpaceLimit = " + space
+ " " + "StatusLimit = " + status + " " + "GraLimit = " + car_ID + " " + "}";
```

```
            alert("txt ready");
        }
```

10.2　个人日程管理移动端界面

10.2.1　需求分析和建模

　　个人日程管理平台主要以简洁为主,为用户提供时间管理和事件提醒服务。在总体的需求当中,分为用户信息和用户功能两个方面,其中,用户信息包括用户登录和注册两个用例,而在用户功能当中包含查看事务和添加事务两个用例。总体需求用例图如图 10.12 所示。

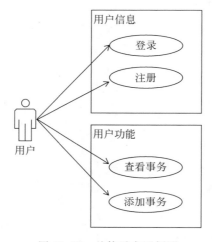

图 10.12　总体需求用例图

　　在总体需求基础上,界面的主要用例在用户功能部分,将查看事务和添加事务两个用例展开,分别有查看时间块事件、查看紧急事务、查看待办事件、添加时间块事件、添加紧急事务、添加待办事件,具体用例图如图 10.13 所示。每个用例的详细说明如表 10.10～表 10.15 所示。

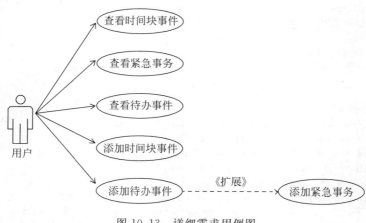

图 10.13　详细需求用例图

表 10.10　查看时间块事件用例说明

描　述　项	说　　明
用例	查看时间块事件
用例描述	用户单击时间块页面查看事件
参与者	用户
前置条件	无
后置条件	无
基本操作流程	用户单击"时间块"
可选操作流程	无

表 10.11　查看紧急事务用例说明

描　述　项	说　　明
用例	查看紧急事务
用例描述	用户单击"待办"界面中的"紧急事务"
参与者	用户
前置条件	进入个人管理页面
后置条件	无
基本操作流程	（1）用户单击"待办"； （2）用户单击"紧急事务"
可选操作流程	（1）用户单击"时间块"； （2）用户单击时间块中的事件进入"待办"； （3）用户单击"紧急事务"

表 10.12　查看待办事件用例说明

描　述　项	说　　明
用例	查看待办事件
用例描述	用户单击"待办"
参与者	用户
前置条件	无
后置条件	无
基本操作流程	用户单击"待办"
可选操作流程	无

表 10.13　添加时间块事件用例说明

描　述　项	说　　明
用例	添加时间块事件
用例描述	用户在时间块页面选择一个时间添加事件或编辑已有事件
参与者	用户
前置条件	进入时间块页面
后置条件	如果这个用例成功,时间块页面上会显示添加或编辑的事件
基本操作流程	（1）用户单击"时间块"； （2）用户选择时间； （3）用户按照提示添加事件
可选操作流程	无

173

表 10.14　添加待办事件用例说明

描　述　项	说　　明
用例	添加待办事件
用例描述	用户添加待办事件
参与者	用户
前置条件	进入待办事件页面
后置条件	如果这个用例成功,待办事件页面上会显示添加或编辑的事件
基本操作流程	(1)用户单击"待办"; (2)用户按照提示添加或编辑事件
可选操作流程	无

表 10.15　添加紧急事务用例说明

描　述　项	说　　明
用例	添加紧急事务
用例描述	用户将待办事件更改为紧急事务
参与者	用户
前置条件	进入待办事件页面
后置条件	如果这个用例成功,紧急事务页面上会显示添加或编辑的事件
基本操作流程	(1)用户单击"待办"; (2)用户按照提示添加或编辑事件; (3)用户将事件设置为"紧急事务"
可选操作流程	无

10.2.2　功能模块划分

从整个日程管理程序的用例图来看,整个程序主要为用户提供时间块、待办事件和紧急事务三个方面的功能,因此功能模块也按照这三个部分进行划分,功能模块图如图 10.14所示。

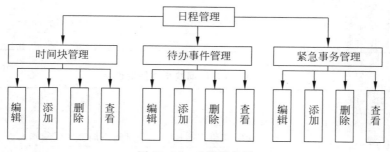

图 10.14　功能模块图

根据业务需求分析,将程序设计划分为三个功能模块,每个主要模块下都包括事件的编辑、删除、添加和查看功能。

10.2.3　界面结构

界面结构如图 10.15所示。从个人管理页面可以跳转到待办事件和时间块展示界面,也可以往回跳转,每个展示页面都可跳转到相应的编辑和添加界面,紧急事务页面通过在待办事务当中添加"紧急"标签得到,因此紧急事务展示页面和待办事件编辑页面可以相互跳转。

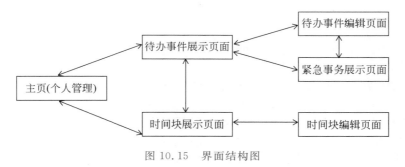

图 10.15　界面结构图

10.2.4　界面实现

界面的实现采用了开源的框架包,主要语言是 Java,虽然在导航栏中添加了财务管理和记录管理两个功能,但是目前仅实现了时间管理部分,具体的实现效果如图 10.16 和图 10.17 所示。

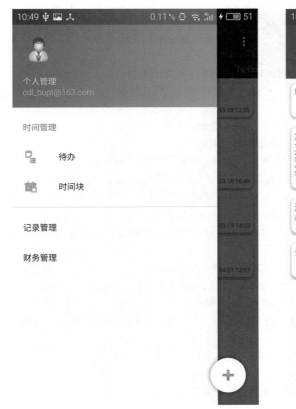

图 10.16　个人管理

图 10.17　紧急事务

参 考 文 献

[1] 潘成超,吴爱清,王微,等.论软件用户界面的重要性和必要性[J].电子技术与软件工程,2016,(11):88.

[2] 张岩.电商网站视觉设计应用研究[D].武汉:湖北工业大学,2016.

[3] 刘志明.移动 UI 视觉设计应用规律研究[D].西安:西安美术学院,2016.

[4] 铁电奇.用户需求开发方法在软件界面设计中的应用[J].信息技术与信息化,2015,(08):54-55.

[5] 徐丰.界面设计中视觉信息的主导作用分析[J].包装工程,2015,36(02):102-106.

[6] 金微瑕,李宏汀.人机界面评估之层次任务分析法[J].人类工效学,2014,20(04):84-88,95.

[7] 楚蕤菡.移动设备中的人机交互设计研究[J].数字技术与应用,2014,(07):46.

[8] 刘丽萍.浅谈 Web 界面设计中的简易可用性评估[J].鄂州大学学报,2014,21(06):87-89.

[9] 王烨.探析符号学在图形化软件界面设计中的应用[J].现代装饰(理论),2014,(05):228.

[10] 路璐,田丰,戴国忠,等.融合触、听、视觉的多通道认知和交互模型[J].计算机辅助设计与图形学学报,2014,26(04):654-661.

[11] 杨帆.基于扁平化的界面设计美学思想的探讨[J].艺术科技,2014,27(01):59.

[12] 褚雪芹,齐旭.功能需求分析和分配在人机界面设计中的应用[J].仪器仪表用户,2013,20(06):59-61.

[13] 徐燕飞,张驰骋.Web 界面设计中的美学理论——基于市场调查分析以及图册分析[J].时代金融,2012,(17):176-177,182.

[14] 秦敦涛.基于可用性的触屏手机交互界面设计研究[D].沈阳:东北大学,2012.

[15] 王波,盛金根,李永建.人机界面可用性测试与评估研究综述[J].现代计算机(专业版),2012,(16):26-28,35.

[16] 桑庆双.智能设备系统人机交互技术的开发与应用[D].合肥:中国科学技术大学,2011.

[17] 黄世龙.现代视觉设计交互性研究[D].辽宁师范大学,2011.

[18] 韩春明,古佳楠.图形用户界面的美学研究[J].艺术与设计(理论),2010,2(04):188-190.

[19] 邓晓霞.基于符号学的人机界面设计[J].包装与食品机械,2010,28(02):44-46.

[20] 李东岳.移动设备中的人机交互设计研究[D].上海:华东师范大学,2010.

[21] 屠秀栋.浅谈 UI 设计[J].电脑知识与技术,2010,6(07):1706-1707.

[22] 夏敏燕,汤学华.基于认知心理学的机电产品人机界面设计原则[J].机械设计与制造,2010,(01):183-185.

[23] 何亭.基于认知心理的网络界面设计研究[D].苏州:苏州大学,2009.

[24] 汪海波.以用户为中心的软件界面的设计分析、建模与设计研究[D].济南:山东大学,2008.

[25] 陆敏.基于人机工程的软件界面设计研究[D].南京:南京航空航天大学,2008.

[26] 王爱民,戴金桥.人机交互中的力/触觉设备进展综述[J].工业仪表与自动化装置,2007,(02):14-18,25.

[27] 王璞.用户界面设计的人性化[D].长春:东北师范大学,2007.

[28] 邓红.三维交互技术的研究与应用[D].大庆:大庆石油学院,2007.

[29] 黄未之.Web 界面设计语义及可用性研究[D].上海:东华大学,2007.

[30] 曾令敏.用户界面的设计与可用性研究[D].上海:东华大学,2007.

[31] 李韦.信息图形化——浅谈图形在人机交互用户界面设计中的重要性[J].开封教育学院学报,2006,(04):47-48.

[32] 李艳,李月恩.计算机输入设备的人性化设计研究[A].中国机械工程学会.2006年中国机械工程学会年会暨中国工程院机械与运载工程学部首届年会论文集[C].中国机械工程学会,2006：1.

[33] 姜葳.用户界面设计研究[D].杭州：浙江大学,2006.

[34] 陈昱西.浅析界面设计中的色彩信息传达[J].艺术探索,2005,(04)：90-91.

[35] 张云鹏.基于认知心理学知识的人机界面设计[J].计算机工程与应用,2005,(30)：105-107,139.

[36] 任建军.计算机软件界面设计中的美学原则[A].湖北省机械工程学会,中国机械工程学会湖北工业设计研究所,武汉科技大学,湖北科技大学.2005年工业设计国际会议论文集[C].湖北省机械工程学会,中国机械工程学会湖北工业设计研究所,武汉科技大学,湖北科技大学,2005：5.

[37] 陈传文,余静贵.计算机软件界面设计中的心理学分析[A].湖北省机械工程学会,中国机械工程学会湖北工业设计研究所,武汉科技大学,湖北科技大学.2005年工业设计国际会议论文集[C].湖北省机械工程学会,中国机械工程学会湖北工业设计研究所,武汉科技大学,湖北科技大学,2005：4.

[38] 温希祝.应用软件系统人机界面设计的探讨[J].贵州大学学报(自然科学版),2005,(03)：260-264.

[39] 周斌仲.软件图形用户界面设计[D].武汉：武汉理工大学,2005.

[40] 呼健.人机交互界面设计与评估技术的研究和应用[D].济南：山东大学,2005.

[41] 董光波,张锡恩,徐亚卿,等.基于三维输入设备的虚拟场景控制方法[J].计算机工程,2004,(09)：189-191.

[42] 霍发仁.人机界面设计研究[D].武汉：武汉理工大学,2003.

[43] 杨静.人机界面与用户模型的研究及应用[D].天津：河北工业大学,2002.

[44] 刘颖.人机交互界面的可用性评估及方法[J].人类工效学,2002,(02)：35-38.

[45] 李清水.听觉界面及其应用开发平台的实现[D].杭州：浙江大学,2002.

[46] 许燕.基于任务模型的用户界面评估方法[J].上海铁道大学学报(理工辑),1999,(08)：28-33.

[47] 王延乔.图形窗口界面平台的研究与实现[J].上海师范大学学报(自然科学版),1997,(01)：72-76.

[48] 陈永平.图形窗口界面设计[J].电脑开发与应用,1994,(04)：10-15.

[49] 张海藩.软件工程导论[M].4版.北京：清华大学出版社,2003.

[50] 林广艳.软件工程过程[M].北京：清华大学出版社,2011.

[51] Jeffrey L Whitten, Lonnie D Bentley, Kevin C.系统分析与设计方法[M].北京：机械工业出版社,2005.

[52] 常丽.潮流：UI设计必修课[M].北京：人民邮电出版社,2015.

[53] 任然.UI设计：从图标到界面完美解析[M].重庆：重庆大学出版社,2016.

[54] 董庆帅.UI设计师的版式设计手册[M].北京：电子工业出版社,2017.

[55] 高金山.UI设计必修课：游戏＋软件＋网站＋APP界面设计教程[M].北京：电子工业出版社,2017.

[56] 金乌.Axure RP7网站和APP原型制作从入门到精通[M].北京：人民邮电出版社,2015.

[57] 汪兰川,刘春雷.UI图标设计从入门到精通[M].北京：人民邮电出版社,2016.

[58] 孟庆林,刘翠林.数字媒体：UI设计[M].北京：清华大学出版社,2015.

[59] 周晓蕊.交互界面系统设计[M].上海：东方出版中心,2011.

[60] 李晓斌.UI设计必修课：交互＋架构＋视觉UE设计教程[M].北京：电子工业出版社,2017.

[61] 石云平,鲁晨,雷子昂.用户体验与UI交互设计[M].北京：中国传媒大学出版社,2017.

[62] 周苏,王文.人机交互技术[M].北京：清华大学出版社,2016.

[63] Ezra Schwartz, Elizabeth Srail.Axure RP 7原型设计精髓[M].武汉：华中科技大学出版社,2015.

图 书 资 源 支 持

感谢您一直以来对清华版图书的支持和爱护。为了配合本书的使用，本书提供配套的资源，有需求的读者请扫描下方的"书圈"微信公众号二维码，在图书专区下载，也可以拨打电话或发送电子邮件咨询。

如果您在使用本书的过程中遇到了什么问题，或者有相关图书出版计划，也请您发邮件告诉我们，以便我们更好地为您服务。

我们的联系方式：

地　　址：北京市海淀区双清路学研大厦 A 座 714

邮　　编：100084

电　　话：010-83470236　　010-83470237

客服邮箱：2301891038@qq.com

QQ：2301891038（请写明您的单位和姓名）

资源下载：关注公众号"书圈"下载配套资源。

资源下载、样书申请

书圈

获取最新书目

观看课程直播